美布手作 系列

呵护宝宝的小布件

日本靓丽社/编著 郭桂群/译

中国纺织出版社

图书在版编目（CIP）数据

呵护宝宝的小布件 / 日本靓丽社编著；郭桂群译.—北京：中国纺织出版社，2012.3
（美布手作系列）
ISBN 978-7-5064-8239-4

I.①呵… II.①日…②郭… III.①布料—手工艺品—制作
IV.①TS973.5

中国版本图书馆CIP数据核字（2012）第002190号

原文书名：《どうぶつモチーフがかわいいベビー小物》
Lady Boutique Series No.3154 Doubutsu Motif ga Kawaii Baby Komono

著作权合同登记号：图字：01-2011-4019

责任编辑：阮慧宁　　责任印制：刘　强
封面设计：任珊珊　　版式设计：水长流文化发展有限公司

中国纺织出版社出版发行
地址：北京东直门南大街6号　邮政编码：100027
邮购电话：010－64168110　传真：010－64168231
http：// www.c-textilep.com
E-mail：faxing@c-textilep. com
北京盛通印刷股份有限公司印刷　各地新华书店经销
2012年3月第1版第1次印刷
开本：787×1092　1 / 16　印张：5
字数：100千字　定价：25.00元

凡购本书，如有缺页、倒页、脱页，由本社图书营销中心调换

目录

开始手缝吧

宝宝穿戴小物件

外出小物件

*关于附录实大纸型的说明：

这本书附录了实大纸型1张。

阅读第51页的（实大纸型的使用方法）之后，临摹到拓图纸或透明度较好的白纸上。供参考。

*本书上所写的自由尺寸的作品是身长50～80cm（新生儿至18个月左右）的尺寸。

*建议在欣赏作品之后，另读“手缝基础知识”，再开始制作，这样会事半功倍哦。

开始手缝吧

想为宝宝做点留下回忆的东西……
给妈妈们收集一些可以手缝的小物件，
以动物突出亮点。
不要放弃，一针一线开始吧！

围嘴

1 大象

2 小鸡

激励宝宝做出可爱的表情。因为每天使用、换洗，需要几件不同款式的围嘴。如背着苹果的大象、散步的小鸡等图案，都是突出可爱的特征。

尺寸：自由选择
1、2 制作方法：第 6 页

娃娃服

3 兔子

4 长颈鹿

在与第 4 页同样式的围嘴配上丝带或弯曲带并用同类色布嵌上花。脖子后面设计用粘扣固定。

尺寸：自由选择
3、4 制作方法：第 6 页

第4、5页 1～4 围嘴

1 的材料（大象）
A布（棉双面针织布760cm×40cm）
粘扣 3cm×3cm
可选毛毡（蓝色）7cm×5cm
（红色）2cm×2cm
25号绣线（红色、古铜色、蓝色）手缝线

2 的材料（小鸡）
A布（格子纹棉布）30cm×40cm
B布（花色棉布）30cm×40cm
粘扣 3cm×3cm
可洗毛毡（黄色）5cm×5cm
25号绣线（红色、古铜色、黄色）手缝线

3 的材料（兔子）
A布（水珠花棉布）30cm×30cm
B布（花色棉布）30cm×30cm
粘扣 3cm×3cm
丝带（H712-019-011）1.2cm×25cm
可洗毛毡（粉色）6cm×6cm
25号绣线（红色、古铜色、粉色、黄色）
手缝线

4 的材料（长颈鹿）
A布（水珠花棉布）30cm×30cm
B布（绒布棉布）30cm×30cm
粘扣 3cm×3cm
弯曲带 0.6cm×25cm
可洗毛毡（黄色）5cm×10cm
25号绣线（古铜色、黄色、黄绿色）
手缝线

实大纸型 A面1～4

No.2~4A布、B布裁剪图

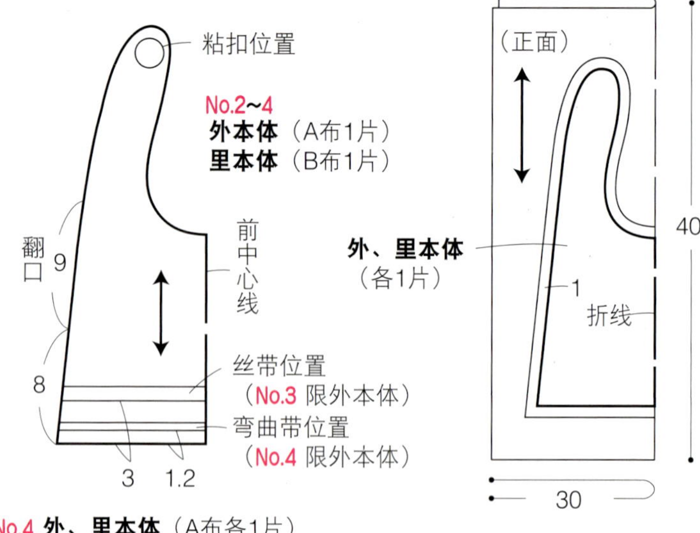

No.4 外、里本体（A布各1片）

*因选用的布料是双面用布料，里本体使用布的里面

No.1 A布裁剪图

反面
正面
40
1
1
折线
折线
里本体
外本体
60

实物大小的绣花图案

★ 刺绣使用25号双股绣线。

No.2
直针绣（古铜色）
缎绣（古铜色）
回针绣（古铜色）
毛毡（黄色）
轮廓绣（红色）
缎绣（红色）
回针绣（古铜色）
裁剪

制作方法

1 外本体绣花

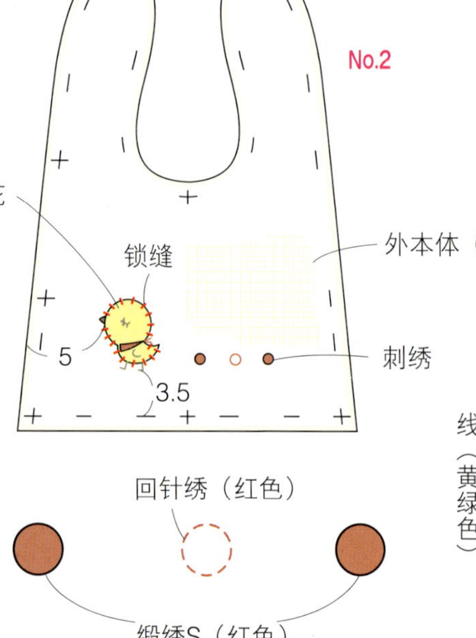

No.4
锁缝补花
在弯曲带中心缝上线（黄绿色）绣
6
1.5

*纸型上不包含缝份尺寸。加上裁剪图的缝份尺寸进行裁布。
*图上尺寸单位如无特殊说明均为厘米（cm），全稿同。

＊图案画法、补花方法、刺绣方法参照第50页。

摇铃棒 & BiBi 棒

5 小熊　　6 小熊

亲手制作宝宝初次接触的用来练习抓握能力的摇铃棒。一笔描成的简单形状，搭配单纯的色彩，再加上轻便时髦的布，制作出的小熊和海豹情侣的摇铃棒，给人温馨的感觉。

5～8 制作方法：第 10 页

7 海豹　　8 海豹

气哨发出好听的“BiBi”声可以吸引宝宝注意力。让宝宝快乐玩耍的玩偶，外表选择绒布，里而填充舒服的填充棉。

BiBi 棒

9 老鼠

10 猫头鹰

11 熊猫

9～11 制作方法：第 10 页

第8、9页 5～11 摇铃棒＆BiBi棒

5 的材料（小熊）
A布（格子纹棉布）20cm×15cm
B布（花色棉布）20cm×10cm
花边 1.2cm×10cm
25号绣线（古铜色、黄色）
小铃铛（H430-059）1个
填充棉（H405-003）和手缝线

6 的材料（小熊）
A布（格子纹棉布）20cm×15cm
B布（水珠花棉布）20cm×10cm
带 1.4m×10cm
25号绣线（古铜色、黄色）
小铃铛（H430-059）1个
填充棉（H405-003）和手缝线

7 的材料（海豹）
A布（水珠花纹针织棉布）20cm×15cm
25号绣线（古铜色）
气哨（H430-611）1个
填充棉（H405-003）手缝线

8 的材料（海豹）
A布（条纹针织棉布）20cm×15cm
25号绣线（古铜色）
气哨（H430-611）1个
填充棉（H405-003）和手缝线

9 的材料（老鼠）
A布（绒棉布）10cm×20cm
B布（花色棉布）10cm×20cm
25号绣线（苔绿色、红色）
气哨（H430-611）1个
填充棉（H405-003）的手缝线

10 的材料（猫头鹰）
A布（绒棉布）10cm×15cm
B布（水珠花棉布）10cm×15cm
可洗毛毡（茶色）5cm×3cm
25号绣线（古铜色）
气哨（H430-611）1个
填充棉（H405-003）手缝线

11 的材料（熊猫）
A布（绒棉布）10cm×15cm
B布（方格棉布）10cm×15cm
可洗毛毡（黑色）5cm×5cm
25号绣线（黑色）
小铃铛（H430-059）1个
填充棉（H405-003）和手缝线

＊纸型上不包含缝份尺寸。请加上裁剪图的缝份尺寸，进行裁布。

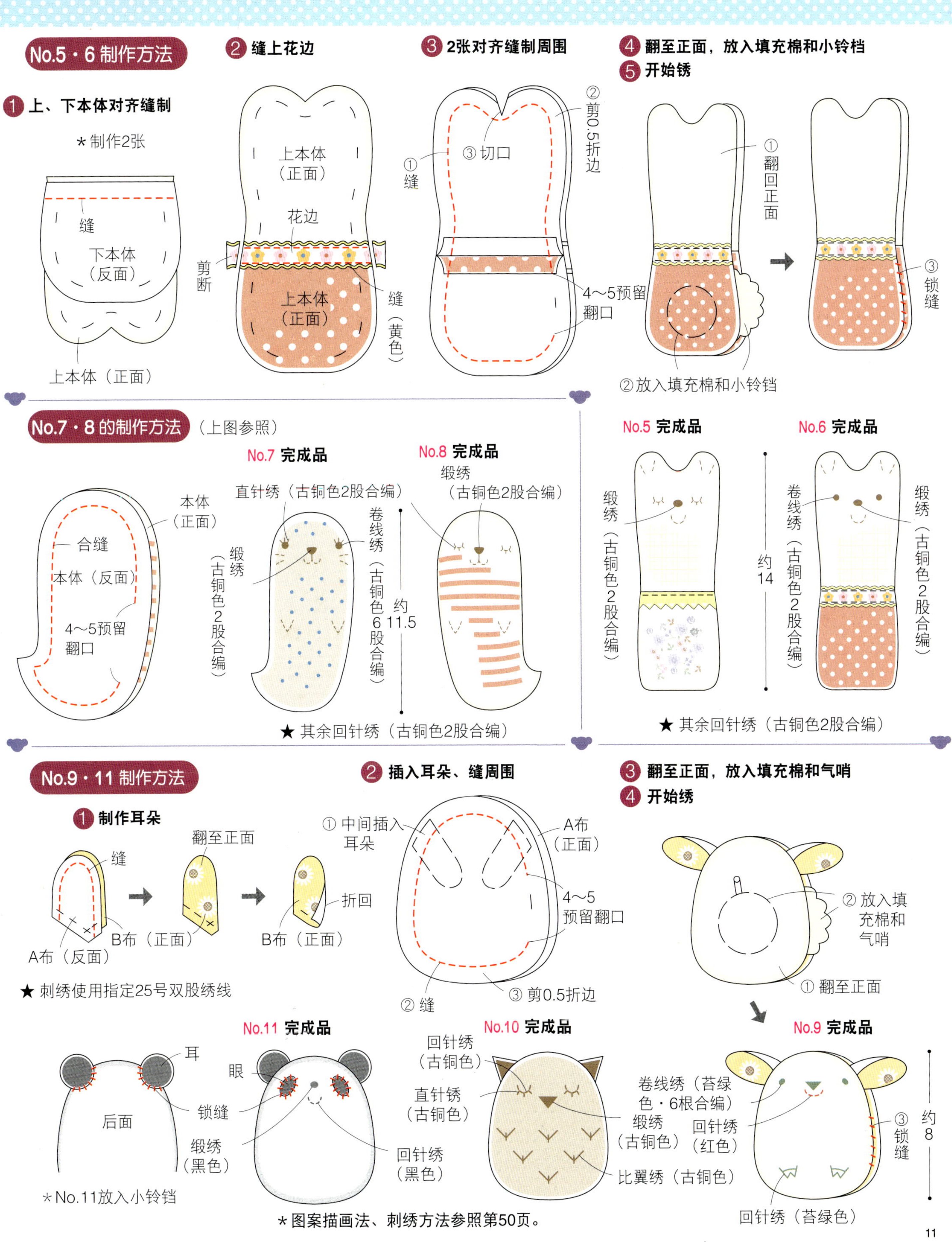

No.5・6 制作方法
1 上、下本体对齐缝制
＊制作2张
缝
下本体
（反面）
上本体（正面）
2 缝上花边
上本体
（正面）
花边
剪断
上本体
（正面）
缝
（黄色）
3 2张对齐缝制周围
② 剪0.5折边
③ 切口
① 缝
4～5预留
翻口
4 翻至正面，放入填充棉和小铃裆
5 开始锈
① 翻回正面
③ 锁缝
②放入填充棉和小铃铛
No.7・8的制作方法（上图参照）
本体
（正面）
合缝
本体（反面）
4～5预留
翻口
No.7 完成品
直针绣（古铜色2股合编）
缎绣
（古铜色2股合编）
卷线绣
（古铜色6股合编）
约11.5
No.8 完成品
缎绣
（古铜色2股合编）
★ 其余回针绣（古铜色2股合编）
No.5 完成品
缎绣
（古铜色2股合编）
约14
No.6 完成品
卷线绣
（古铜色2股合编）
缎绣
（古铜色2股合编）
★ 其余回针绣（古铜色2股合编）
No.9・11 制作方法
1 制作耳朵
缝
A布（反面）
B布（正面）
翻至正面
B布（正面）
折回
★ 刺绣使用指定25号双股绣线
2 插入耳朵、缝周围
① 中间插入耳朵
A布
（正面）
4～5
预留翻口
② 缝
③ 剪0.5折边
3 翻至正面，放入填充棉和气哨
4 开始绣
② 放入填充棉和气哨
① 翻至正面
No.11 完成品
耳
后面
锁缝
眼
缎绣
（黑色）
回针绣
（黑色）
＊No.11放入小铃铛
No.10 完成品
回针绣
（古铜色）
直针绣
（古铜色）
缎绣
（古铜色）
比翼绣（古铜色）
No.9 完成品
卷线绣（苔绿色・6根合编）
回针绣
（红色）
③ 锁缝
约8
回针绣（苔绿色）
＊图案描画法、刺绣方法参照第50页。

手指玩偶

12 小鸡　**13** 狮子

14 兔子　**15** 狗熊　**16** 青蛙

妈妈把手指玩偶套在手指上晃动，可引起宝宝的兴趣而吸引宝宝的目光。宝宝大一点的话，作为说话游戏的道具也是不错的选择！指套部分做了双层，不容易掉落。

12～16 制作方法：第 52 页

夹扣

17 王冠和青蛙

18 鸡蛋和小鸡

19 苹果和考拉

只是夹上纱布或小毛巾当作口水巾使用的夹扣。使用方法取决于妈妈。富有情节性的主题非常可爱。作为礼物也应该很受欢迎。

17～19 制作方法：第 54 页

手指玩偶主题

宝宝鞋

使用无需窝边处理的毛毡制作的宝宝鞋。表情可爱的兔子和调皮的青蛙特别引人注目。虽然宝宝此时还不会走路，但是坐宝宝车外出时穿上的话会很有人气哦！

21 青蛙

20 兔子

尺寸：11cm

20、21 制作方法：第 16 页

22 大象

与第 4 页的围嘴用同样材料做成的宝宝鞋，也是走路前鞋子的最佳选择。松软、舒适，可作为生日礼物的备选小件。

23 小鸡

尺寸：9cm

22、23 制作方法：第 56 页

第14页 20～21 宝宝鞋

20 的材料（兔子）
毛毡 厚1mm（粉色）15cm×15cm 2片
（红色）3cm×2cm
厚2cm（米色）20cm×20cm 2片
小棉球（粉色）直径1.5cm 2个
25号绣线（粉色、古铜色、红色）
工艺用黏合剂、手缝线

21 的材料（青蛙）
毛毡 厚1mm（黄绿色）15cm×15cm 2片
（黄色）3cm×2cm
厚2mm（灰色）20cm×8cm 2片
（青绿色）20cm×8cm 2片
小棉球（绿色）直径1.5cm 2个
25号绣线（紫色、古铜色、红色、黄绿）
工艺用黏合剂、手缝线

制作方法

1. **外底和内底对齐，缝周围**
2. **在内底上假缝后侧面**

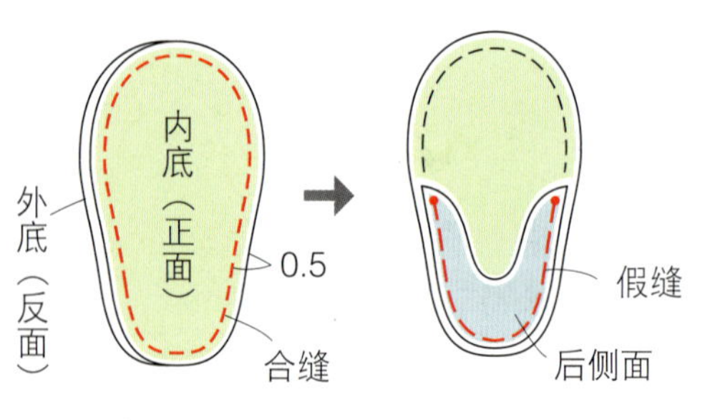

3. **补花刺绣**

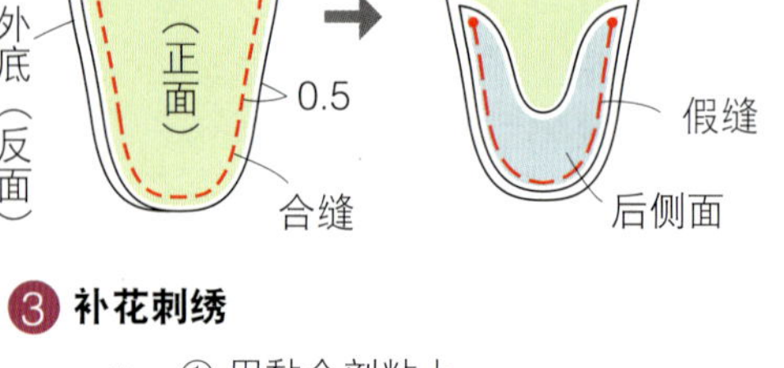

4. **将步骤③的部分锁缝在内底上**
5. **缝小棉球**

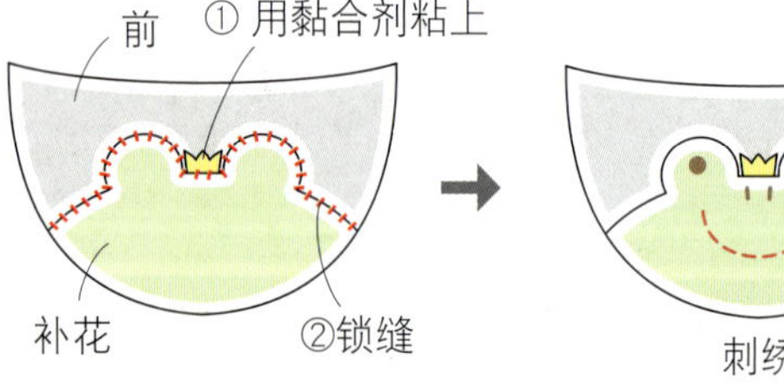

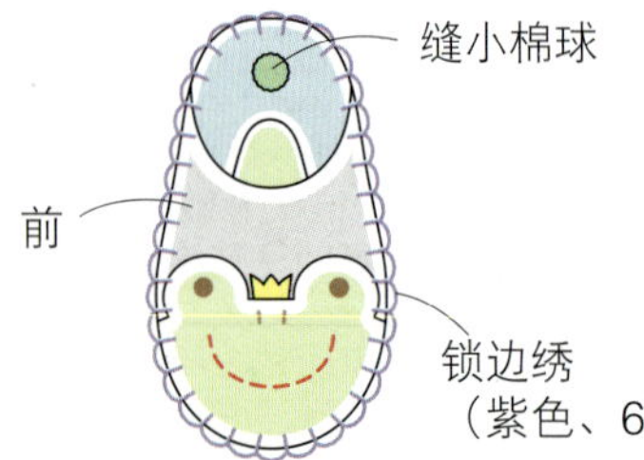

实大纸型 17页

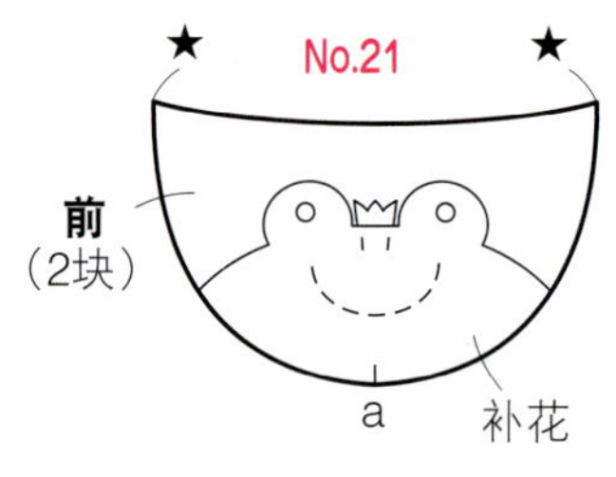

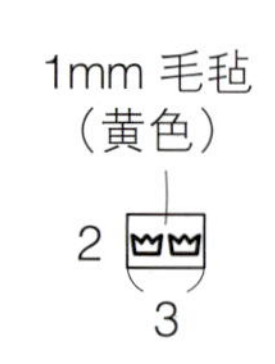

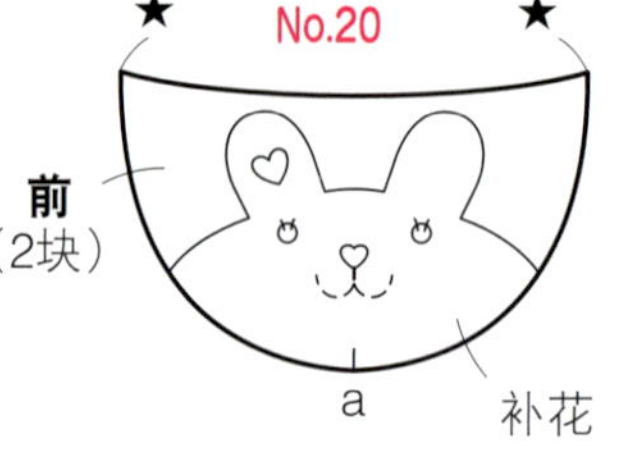

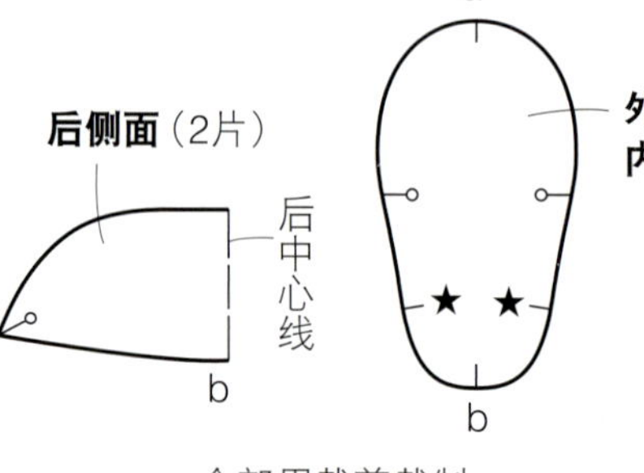

＊全部用裁剪裁制

No.21 的裁剪图

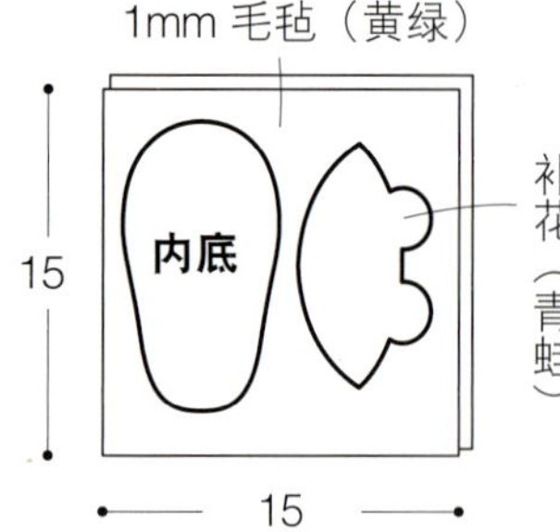

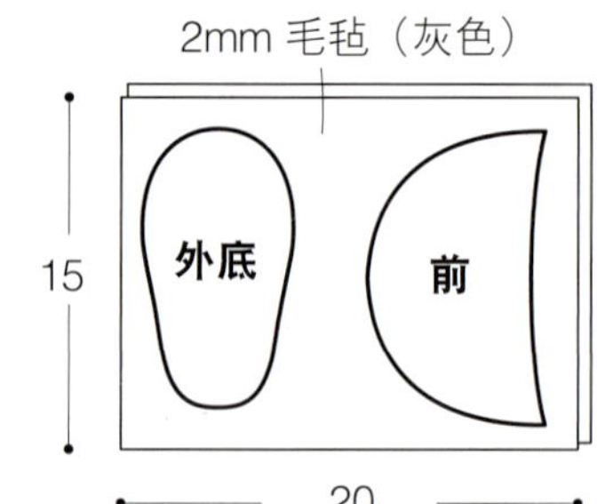

2mm 毛毡（青绿色）
8
后侧面
20

No.20 的裁剪图

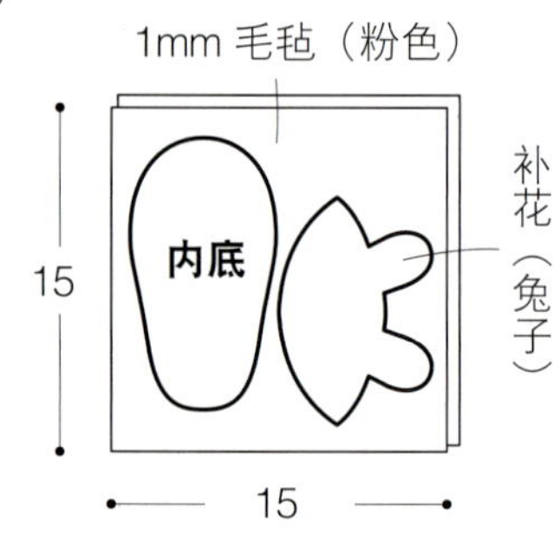

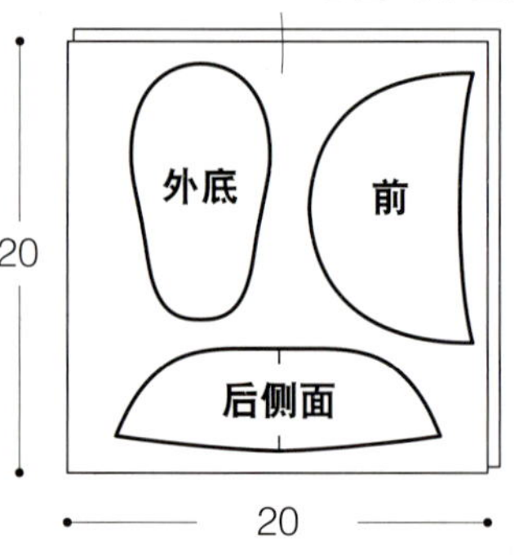

No.21 完成品

No.20 完成品

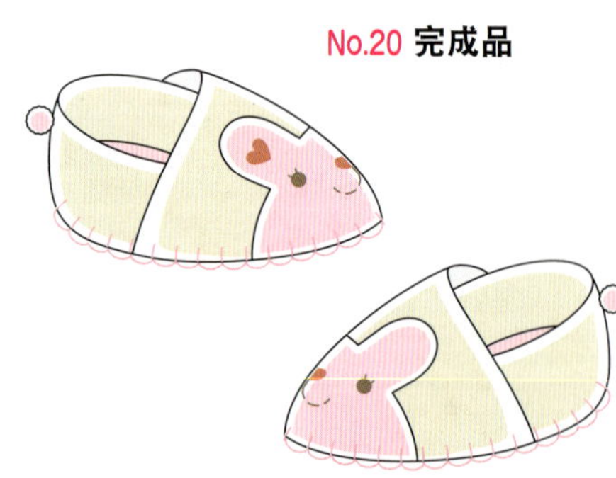

实大纸型、补花、刺绣图案

★ 刺绣使用指定25号双股绣线

*全部用裁剪裁制

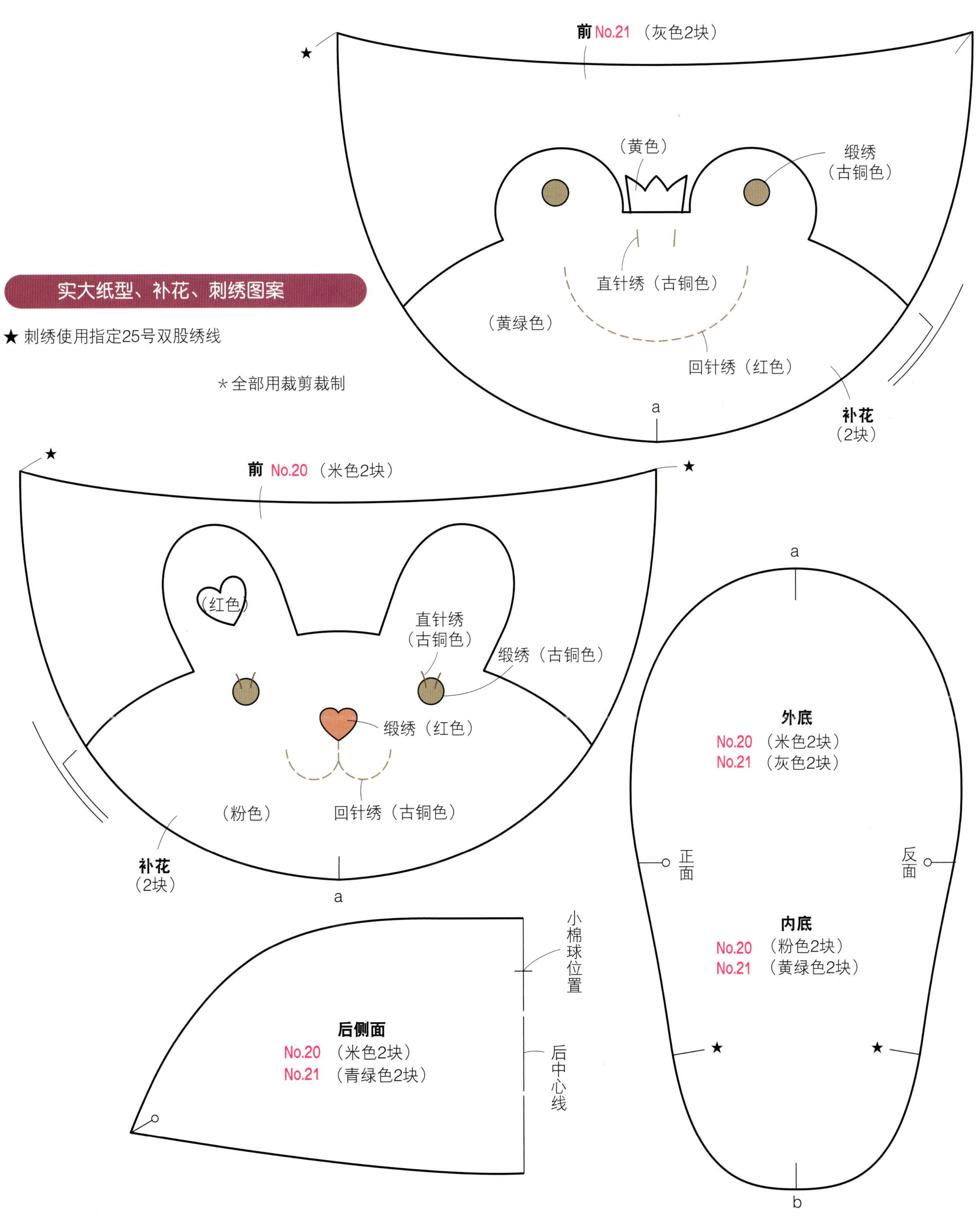

*图案的画法、补花方法、刺绣方法参照第50页。

宝宝穿戴小物件

时光飞逝，与宝宝度过的每一天总是不断地发现新鲜事物。给宝宝使用亲手做成的动物小物件，度过美好时光吧！

围嘴
和安抚奶嘴带扣

25 花

24 瓢虫

引人注目的瓢虫造型的手制围嘴体现独一无二的设计感。在使用方便的安抚奶嘴带扣一端缝上一朵小花，以增添情趣，反面附有夹子，可以方便地夹在各种地方。

尺寸：自由选择

24、25 制作方法：第 58 页

微笑的蜜蜂与四叶草组合。带夹扣的安抚奶嘴和蜜蜂造型的围嘴也是关注度很高的小物件。耐脏也是让人喜爱的特点。

26 四叶草

27 蜜蜂

尺寸：自由选择

26、27 制作方法第 58 页

28 小熊

戴在手腕上的小摇铃，让还抓不牢东西的宝宝可以有摇玲玩偶陪伴。小熊、兔子的可爱表情，再搭配温馨的布料，魅力无限。

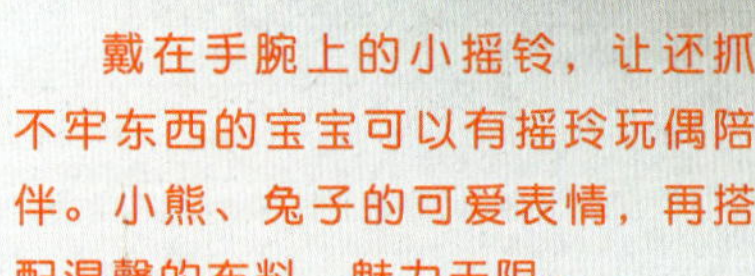

摇铃棒

30 猪

31 长颈鹿

32 小狗

漂亮颜色的动物造型，很能吸引宝宝的注意力，宝宝可以随心所欲地握住它们细长的身体，还可以和摇铃棒们一起睡觉，推荐给初次制作的朋友。

30～32 制作方法：第 62 页

马甲 / 背心

33 两用马甲 / 背心

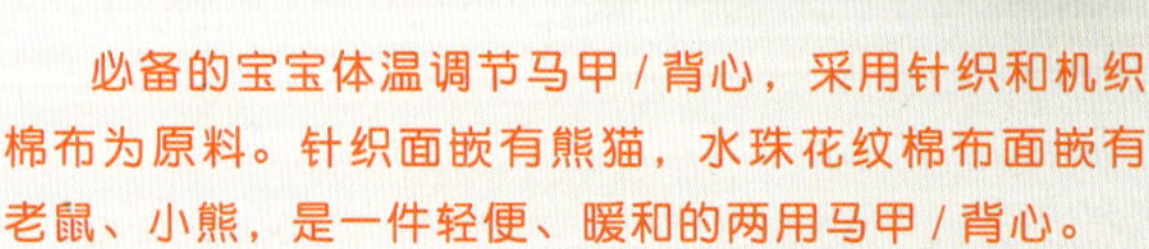

必备的宝宝体温调节马甲 / 背心，采用针织和机织棉布为原料。针织面嵌有熊猫，水珠花纹棉布面嵌有老鼠、小熊，是一件轻便、暖和的两用马甲 / 背心。

熊猫

老鼠

尺寸：身长 70cm、80cm

33 制作方法：第 62 页

小熊

带兜马甲／背心

34 海豹

色彩鲜艳的马甲，在夏天开空调时穿用也很合适。海豹和猫头鹰做成小兜儿，配在单调的娃娃服上很有童趣。

35 猫头鹰

尺寸：身长70cm、80cm
34、35制作方法：第62页

睡垫

36 制作方法：第 64 页

36 小熊

换尿布、把宝宝放在床上或地毯上躺着不放心时，可以铺上睡垫，呆呆的小熊当枕头。这款睡垫采用 100% 纯棉两用针织面料，这让宝宝更舒适。

睡袋和腹带

37 小马睡袋

38 小马腹带

可爱的小马睡袋和腹带，可以盖住双脚活跃的宝宝的小肚子避免着凉。睡袋对于幼小的宝宝穿起来也很方便，扣上肩上的按扣，既可方便宝宝活动，又可稍作固定。此款睡袋属宽松型。

尺寸：身长 50～70cm

37 制作方法：第 65 页
38 制作方法：第 66 页

浴袍

沐浴完或在游泳池穿上水獭（卡比巴拉）头帽的浴袍。利用浴巾和手巾即可制成使用方便的浴袍。

尺寸：身长 50～80cm
39 制作方法：第 28 页

39 水獭君（卡比巴拉）

大抱枕

存在感超强的大抱枕，对于宝宝来说可以当作靠垫、乘坐物，甚至是一起闹玩的朋友。圆圆的眼睛、大大的鼻子都是魅力点。

40 猪

40 制作方法：第 29 页

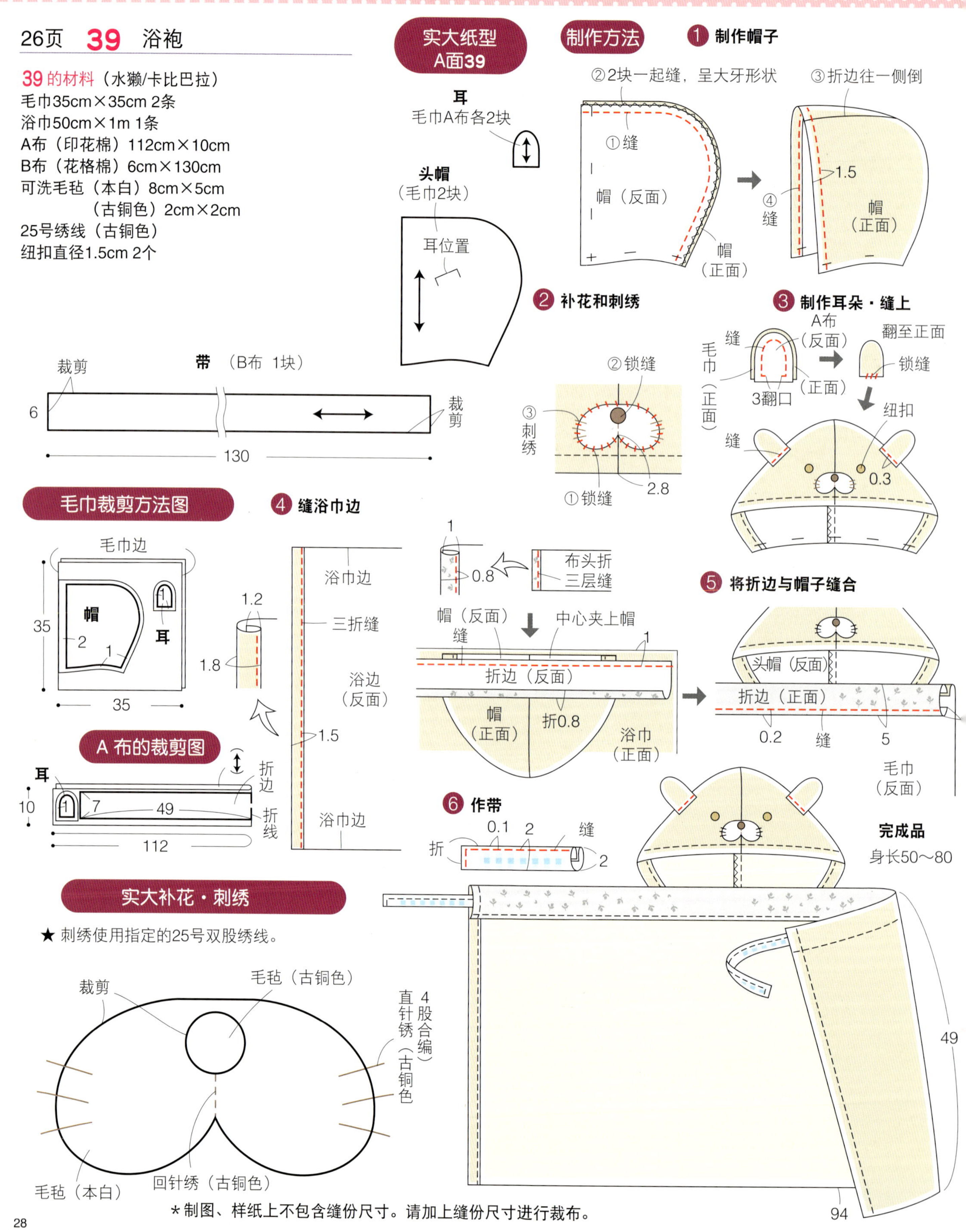

26页 39 浴袍
39的材料（水獭/卡比巴拉）
毛巾35cm×35cm 2条
浴巾50cm×1m 1条
A布（印花棉）112cm×10cm
B布（花格棉）6cm×130cm
可洗毛毡（本白）8cm×5cm
（古铜色）2cm×2cm
25号绣线（古铜色）
纽扣直径1.5cm 2个
实大纸型 A面39
耳
毛巾A布各2块
头帽
（毛巾2块）
耳位置
带 （B布 1块）
裁剪
6
130
毛巾裁剪方法图
毛巾边
35
帽
耳
2
1
A布的裁剪图
耳
10
7
49
112
折边
折线
实大补花・刺绣
★ 刺绣使用指定的25号双股绣线。
裁剪
毛毡（古铜色）
直针绣（古铜色）
4股合编
毛毡（本白）
回针绣（古铜色）
制作方法
1 制作帽子
②2块一起缝，呈大牙形状
③折边往一侧倒
①缝
帽（反面）
帽（正面）
④缝
1.5
帽（正面）
2 补花和刺绣
②锁缝
③刺绣
①锁缝
2.8
3 制作耳朵・缝上
A布（反面）
翻至正面
缝
毛巾（正面）
3翻口
（正面）
锁缝
纽扣
缝
0.3
4 缝浴巾边
1.2
1.8
浴巾边
三折缝
浴边（反面）
1.5
浴巾边
1
0.8
布头折
三层缝
帽（反面）
缝
中心夹上帽
1
折边（反面）
帽（正面）
折0.8
浴巾（正面）
5 将折边与帽子缝合
头帽（反面）
折边（正面）
0.2
缝
5
毛巾（反面）
6 作带
0.1
2
缝
折
2
完成品
身长50～80
49
94
＊制图、样纸上不包含缝份尺寸。请加上缝份尺寸进行裁布。

27页 **40** 大抱枕

40的材料（猪）
A布（两用针织棉布）110cm×80cm
可洗毛毡（白）4cm×4cm
（蓝色）3cm×3cm
（粉色）20cm×5cm
25号绣线（白色、蓝色、粉色）
填充棉（H405-003）400g

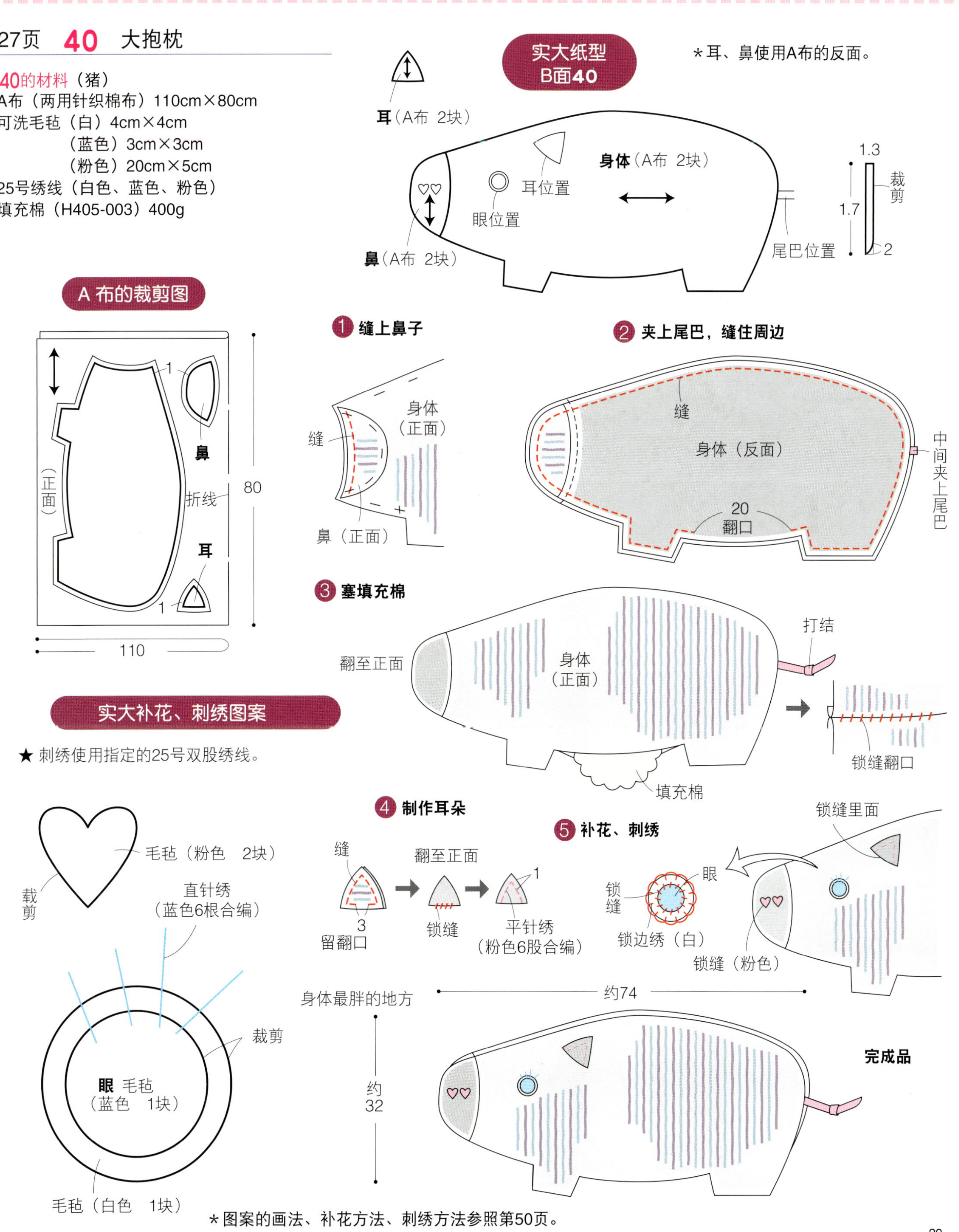

＊图案的画法、补花方法、刺绣方法参照第50页。

外出小物件

购物等和宝宝外出时，
给妈妈和宝宝带来方便的小物件。
哇，好可爱啊！

外出 3 件
组合

41 小熊帽

3 件组合的外出小套装，让宝宝变身小熊，心情自然美美的。帽口加了松紧带，不易掉落。合适的短裤可以穿在垫有尿布的小屁股上。

42 小熊围嘴

尺寸：身长 70～80cm
制作方法：第 67 页

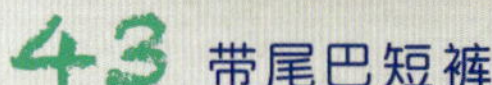
43 带尾巴短裤

这是一套小鸡造型的外出小物件组合。对宝宝来说，洋服配围嘴、短裤是理所当然的装扮。请怀着愉悦的心情完成这件套装组合。

尺寸：身长 70 ～ 80cm
44 ～ 46 制作方法：第 68 页

44 鸡冠帽

45 小鸡围嘴

46 带尾巴短裤

羊毛帽和长筒靴

用柔软的羊毛面料作成的系带帽子和可爱表情的老鼠长筒靴组合。让宝宝外出时也能温暖依旧。

47 帽子

尺寸：帽子自由选择尺寸
长筒靴 12cm
47、48 制作方法：第 34 页

48 老鼠长筒靴

呆呆表情的小熊长筒靴和帽子，与第 32 页同款不同造型，茶色配上蒂罗尔绣带显得很独特。

尺寸：帽子自由选择尺寸
长筒靴 12cm
49、50 制作方法：第 34 页

50 帽子

49 小熊长筒靴

第32、33页 47～50 帽子和长筒靴

47·48的材料（帽子、老鼠长筒靴）
A布（羊毛面料）70cm×60cm
B布（花色棉布）60cm×40cm
可洗毛毡（米色）20cm×15cm
（茶色）6cm×2cm
弯曲带0.8cm×90cm
25号绣线（古铜色、红色、黄色）
松紧带0.5cm×8cm

49·50的材料（小熊长筒靴、帽子）
A布（羊毛面料）70cm×60cm
B布（水珠花棉布）60cm×40cm
可洗毛毡（蓝色）20cm×15cm
（白色）15cm×5cm
（古铜色）60cm×2cm
蒂罗尔绣带1cm×90cm
25号绣线（蓝色、白色、茶色）
松紧带0.5cm×8cm
工艺用黏合剂

实大纸型 B面47·48·49·50

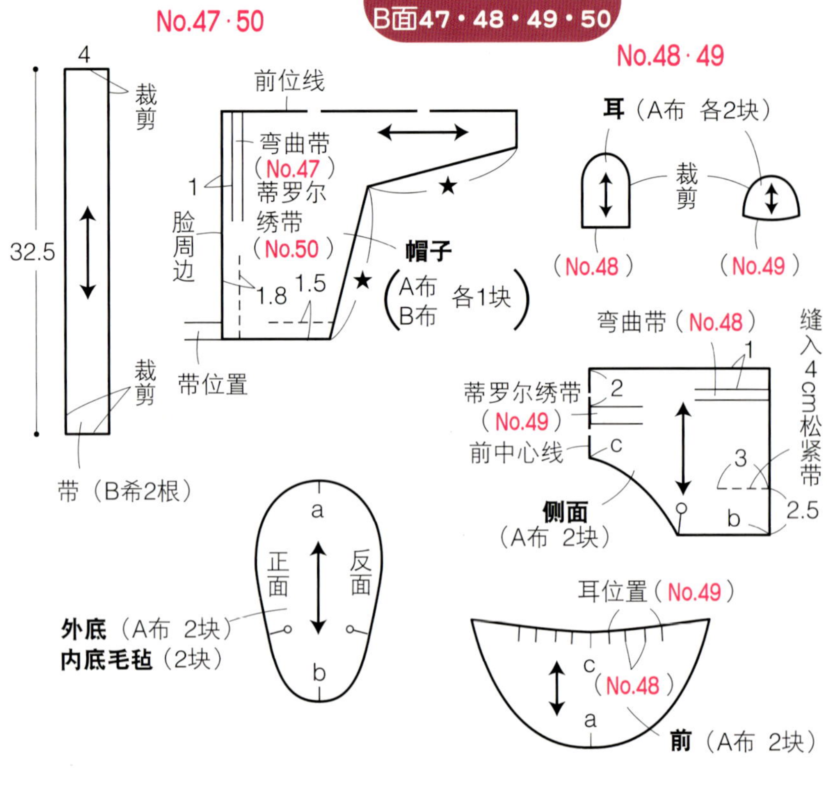

实大补花、刺绣图案

★刺绣使用指定的25号双股绣线。

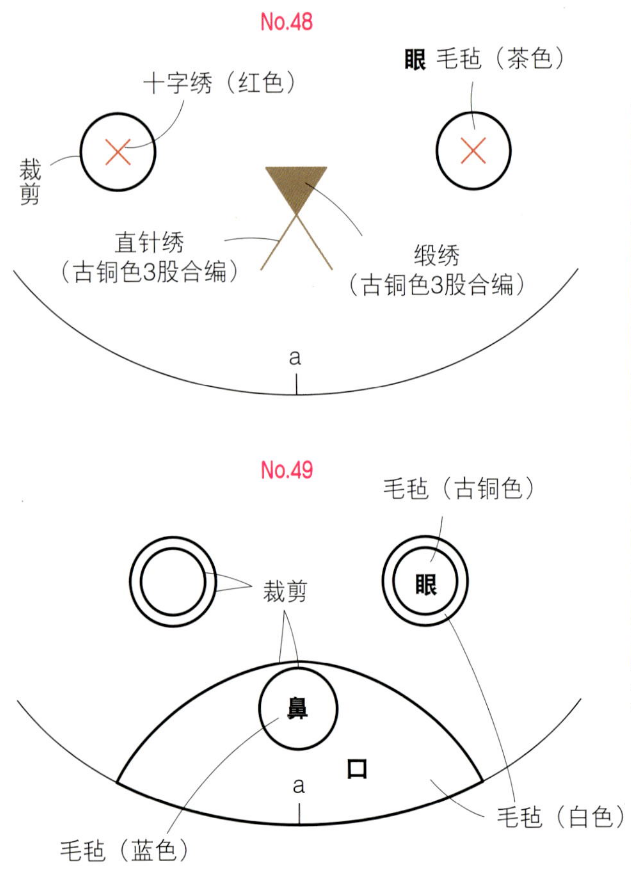

No.48
眼 毛毡（茶色）
十字绣（红色）
裁剪
直针绣（古铜色3股合编）
缎绣（古铜色3股合编）
a

No.49
毛毡（古铜色）
裁剪
眼
鼻
口
a
毛毡（白色）
毛毡（蓝色）

No.47·48 No.49·50 A布的裁剪图

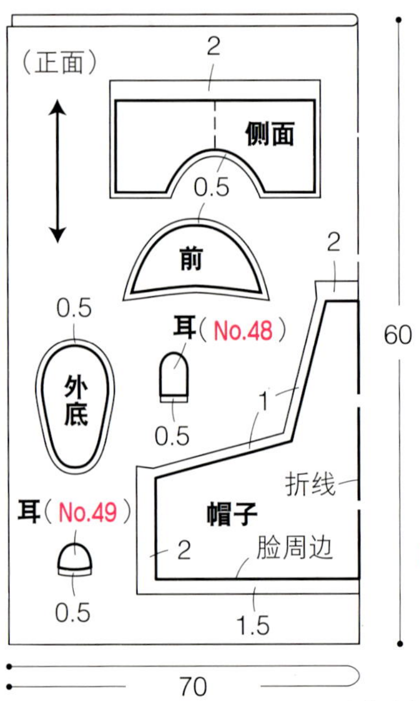

（正面）
2
侧面
0.5
前
2
0.5
外底
耳（No.48）
0.5
1
60
耳（No.49）
折线
帽子
2
脸周边
0.5
1.5
70
No.48（米色）
No.49（蓝色）
No.48（茶色）
No.49（古铜色）
2
6

No.47·48 No.49·50 B布的裁剪图

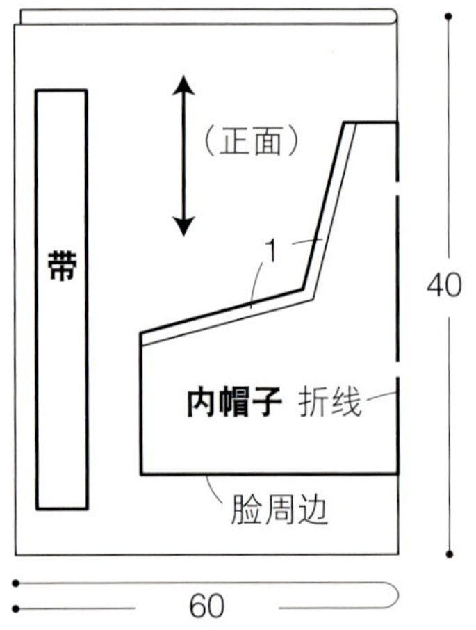

（正面）
带
1
40
内帽子 折线
脸周边
60

No.48·49毛毡裁剪图

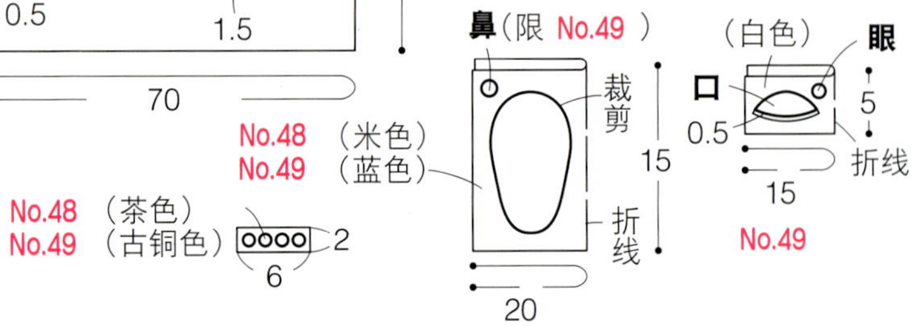

鼻（限No.49）
裁剪
15
折线
20
（白色）
眼
口
5
0.5
折线
15
No.49

＊制图样纸上不包含缝份尺寸。请加上裁剪图缝份尺寸进行裁布。

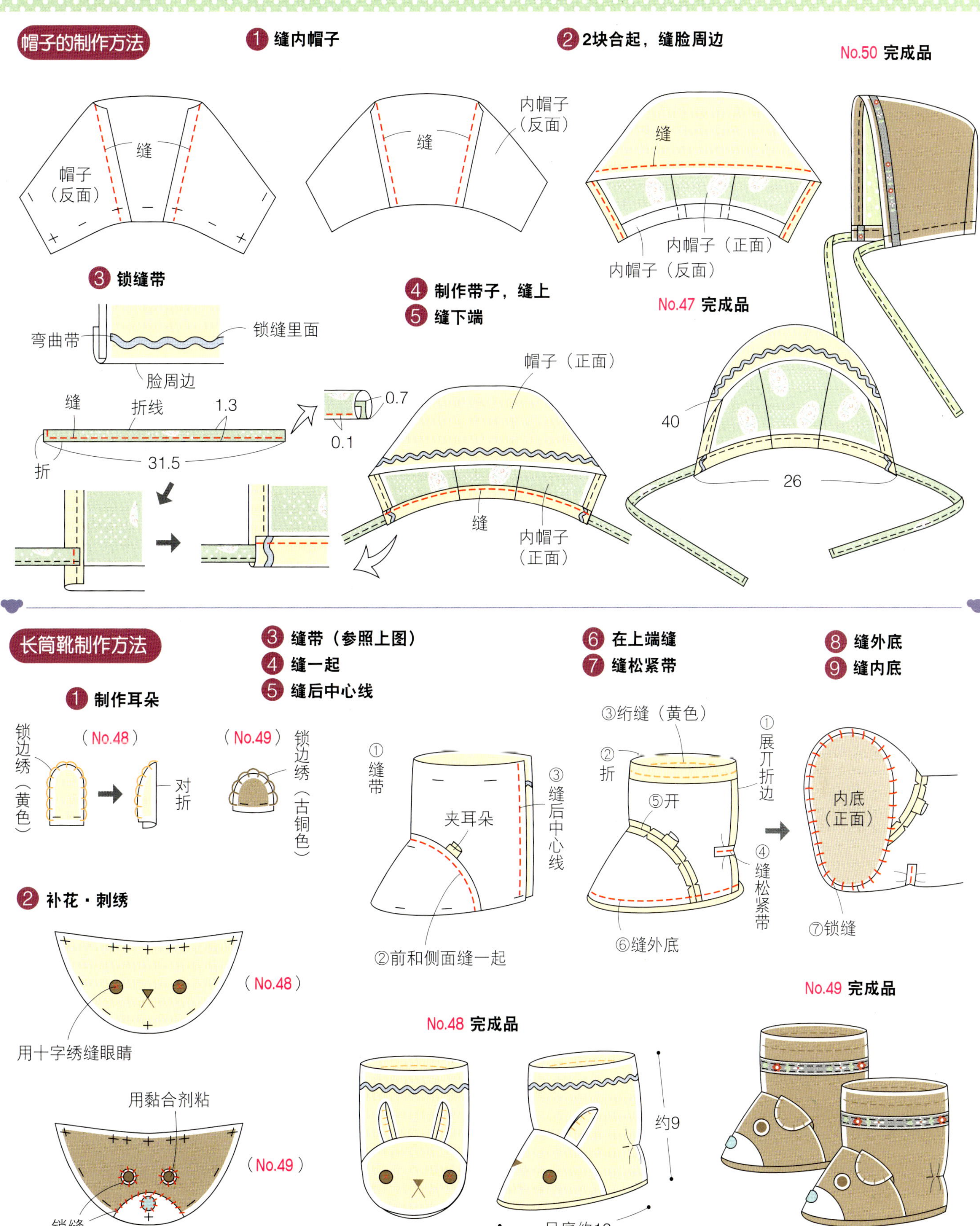

*图案的画法、补花方法、刺绣方法参照第50页。

围嘴和短裤

51 大象围嘴

多色圆点布料上嵌上大象的围嘴，使用尿布时不可缺少的大象印花布短裤，给人和谐感。

52 短裤

尺寸：身长 70～80cm
51、52 制作方法：第 70 页

使用柔和的双层棉布，嵌上漂亮的笑脸松鼠。
淡粉色的镶边，使水珠纹样的布料显得更好看。

53 松鼠围嘴

尺寸：身长 70～80cm
53、54 制作方法：第 70 页

54 短裤

温暖的襁褓

55 围脖

使用灰色和绿色做成的时髦的襁褓，刺猬的侧脸是亮点。双脚分开打包的设计，方便乘坐婴儿车或婴儿椅。围脖也可作为发带使用。

尺寸：自由尺寸
55、56 制作方法：第 40 页

宝宝车

56 刺猬襁褓

清纯的狮子狗造型适合女宝宝用。双脚分开的设计，让宝宝活动起来也能包住双脚，是件很不错的东西。能让宝宝双脚自由活动，温暖舒适。

尺寸：自由尺寸
57、58 制作方法：第 40 页

57 围脖

58 狮子狗襁褓

小背包

59 猴子

60 兔子

给人印象深刻的猴子和兔子的背包，给背部增添亮点。为宝宝设计，大小正合适。毛毡的边不需作处理，制作方法比想象中简单。外出时装上尿布等必需品，非常方便。

59 制作方法：第 72 页
60 制作方法：第 73 页

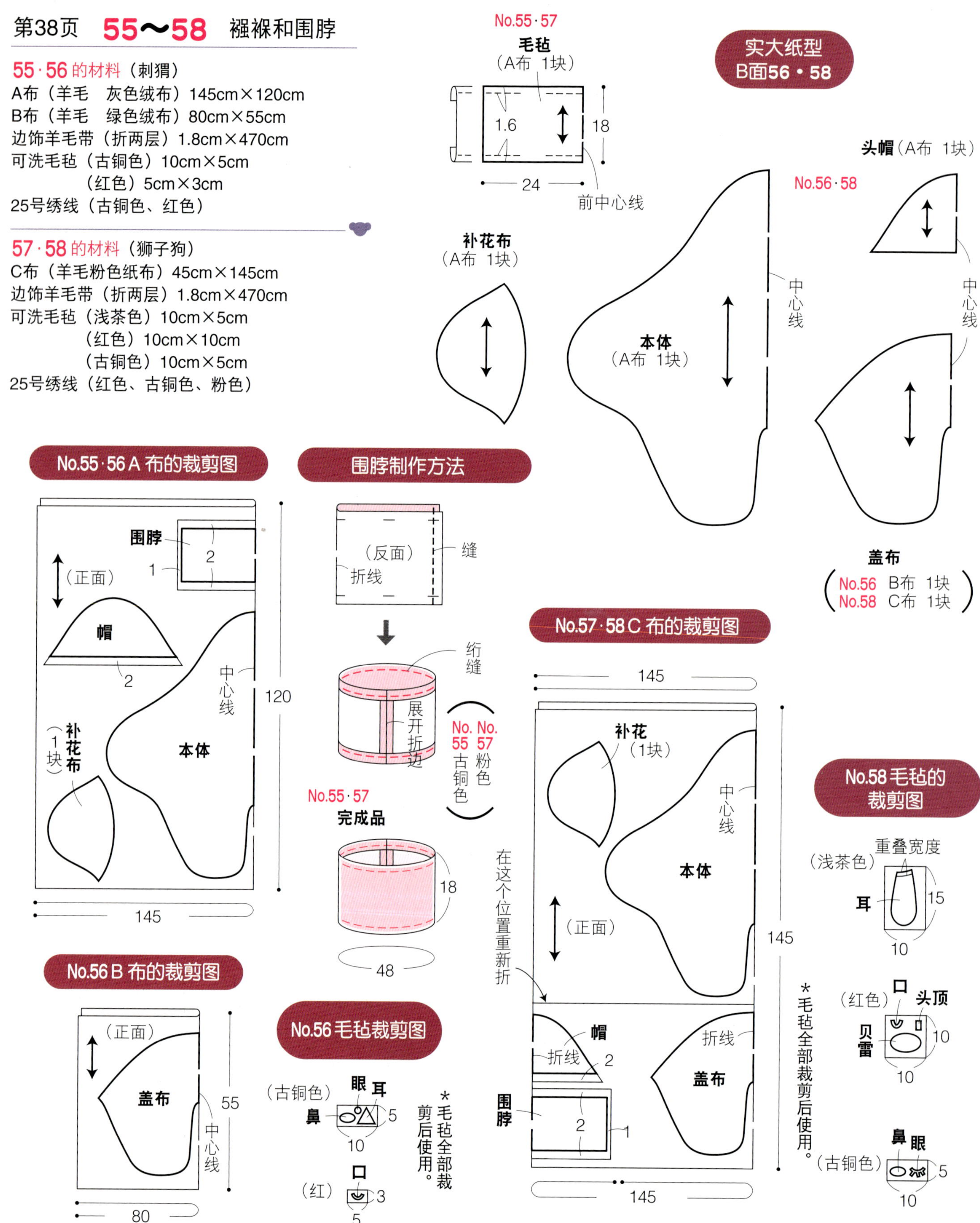

*制图样纸上不包含缝份尺寸。加上裁剪图的缝份尺寸进行裁布。

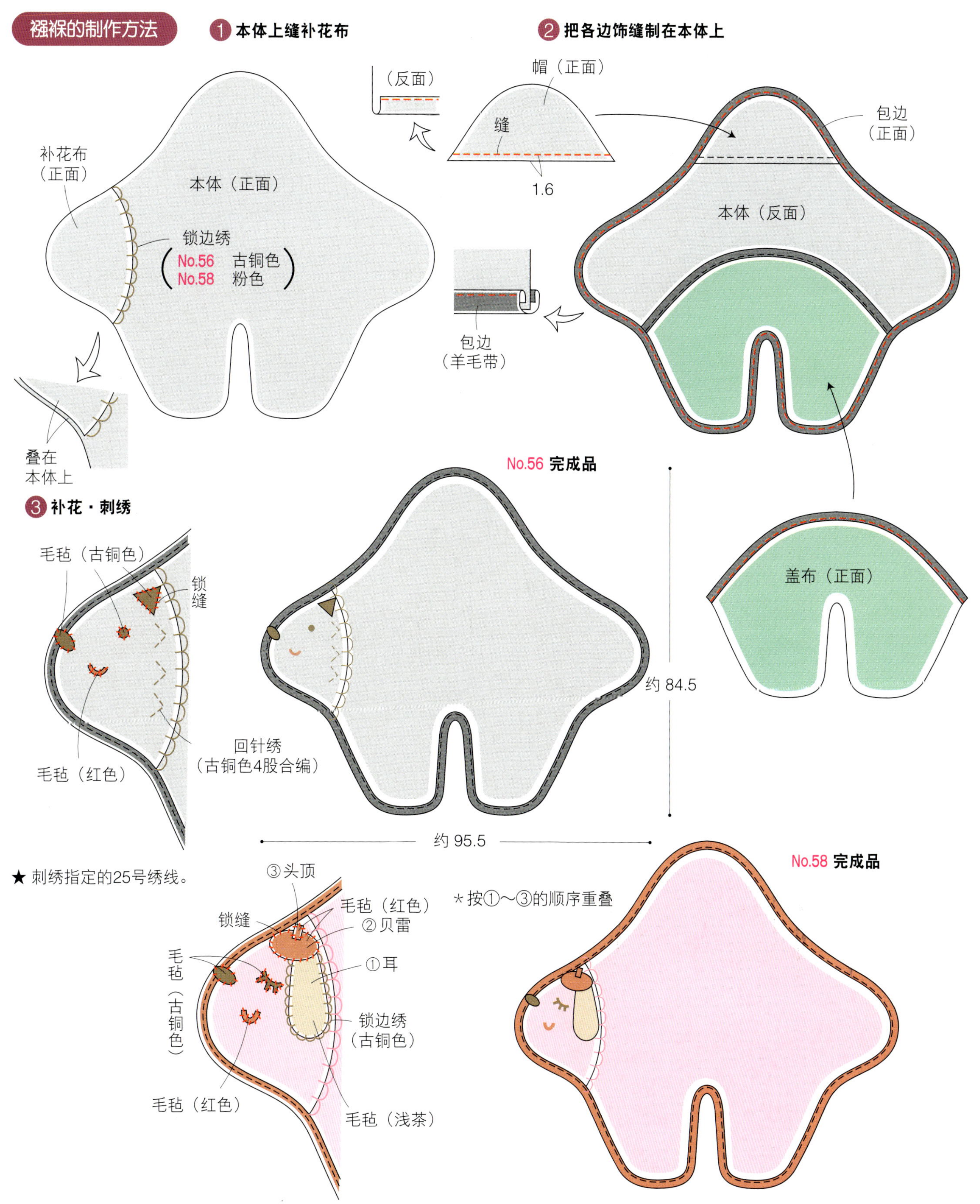

★ 刺绣指定的25号绣线。

*图案的画法、补花方法、刺绣方法参照第50页。

头饰

61、62 制作方法：第 74 页

让人喜欢的猫耳朵和小熊耳朵的手制头饰，朴素、可爱，很适合平时使用，使宝宝更加迷人、引人注目。

61 小猫

62 小熊

婴儿车挂饰

挂在婴儿车或婴儿床让宝宝玩耍的可爱玩具。放入了小铃铛、气哨。绒毛触感和有趣的表情，会让宝宝爱不释手。

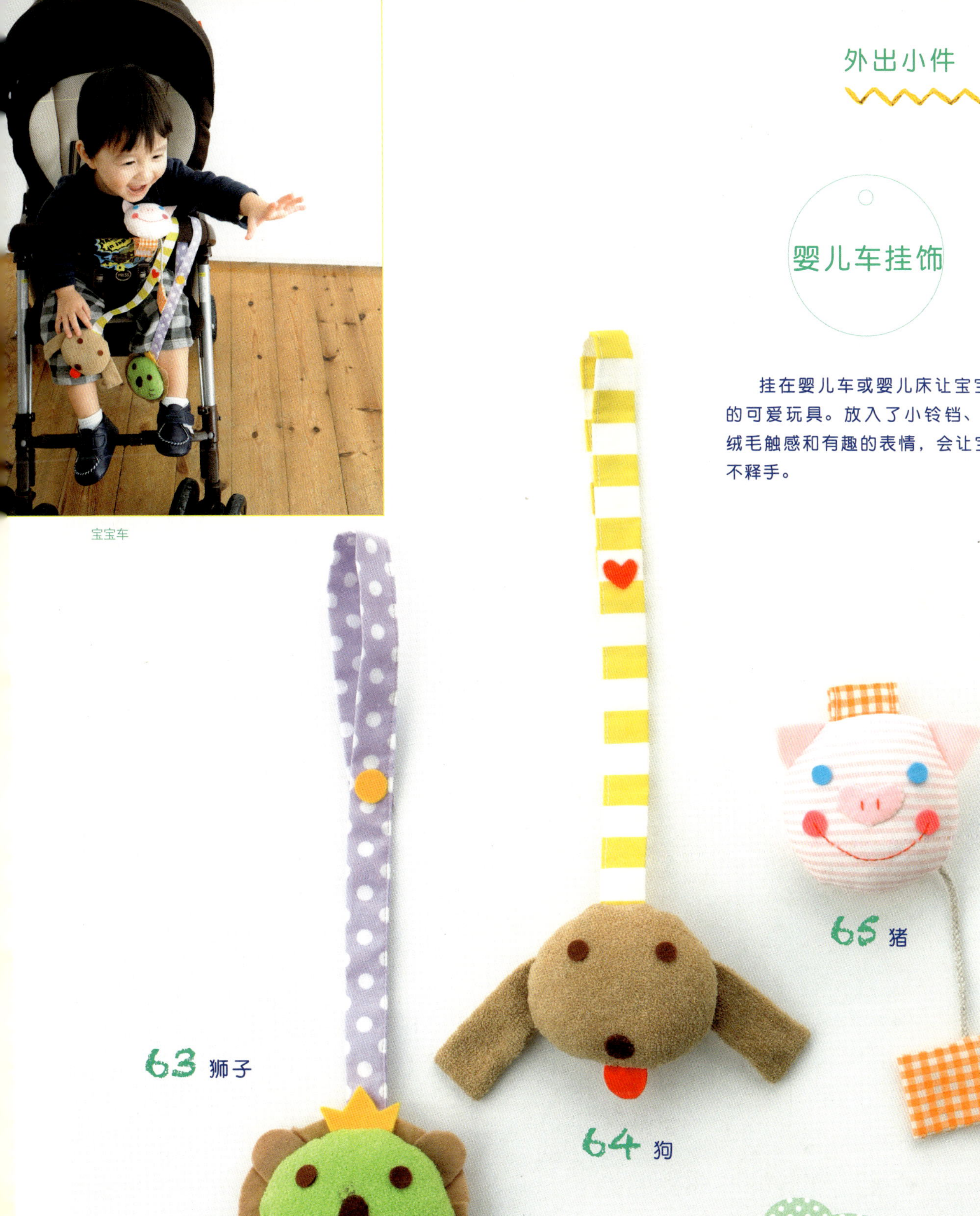

宝宝车

63 狮子

64 狗

65 猪

63～65 制作方法：第 44 页

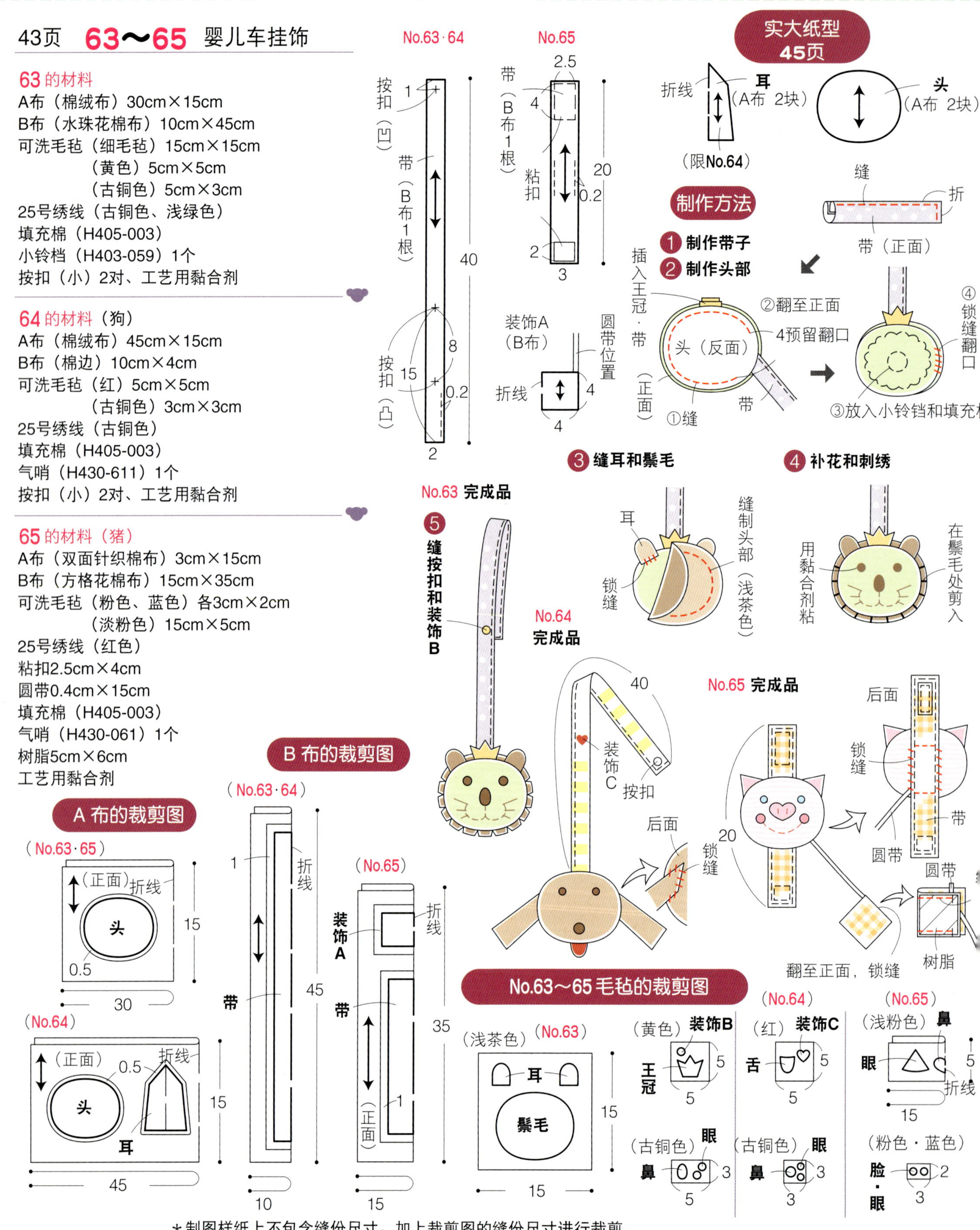
43页 63～65 婴儿车挂饰
63的材料
A布（棉绒布）30cm×15cm
B布（水珠花棉布）10cm×45cm
可洗毛毡（细毛毡）15cm×15cm
（黄色）5cm×5cm
（古铜色）5cm×3cm
25号绣线（古铜色、浅绿色）
填充棉（H405-003）
小铃档（H403-059）1个
按扣（小）2对、工艺用黏合剂
64的材料（狗）
A布（棉绒布）45cm×15cm
B布（棉边）10cm×4cm
可洗毛毡（红）5cm×5cm
（古铜色）3cm×3cm
25号绣线（古铜色）
填充棉（H405-003）
气哨（H430-611）1个
按扣（小）2对、工艺用黏合剂
65的材料（猪）
A布（双面针织棉布）3cm×15cm
B布（方格花棉布）15cm×35cm
可洗毛毡（粉色、蓝色）各3cm×2cm
（淡粉色）15cm×5cm
25号绣线（红色）
粘扣2.5cm×4cm
圆带0.4cm×15cm
填充棉（H405-003）
气哨（H430-061）1个
树脂5cm×6cm
工艺用黏合剂
No.63·64
按扣（凹）
带（B布1根）
按扣（凸）
No.65
带（B布1根）
粘扣
装饰A（B布）
折线
圆带位置
实大纸型 45页
折线
耳（A布 2块）
（限No.64）
头（A布 2块）
制作方法
1 制作带子
2 制作头部
缝
折
带（正面）
插入王冠·带
②翻至正面
4预留翻口
头（反面）
（正面）
①缝
带
④锁缝翻口
③放入小铃铛和填充棉
3 缝耳和鬃毛
耳
锁缝
缝制头部（浅茶色）
4 补花和刺绣
用黏合剂粘
在鬃毛处剪入
No.63 完成品
5 缝按扣和装饰B
No.64 完成品
装饰C
按扣
后面
锁缝
No.65 完成品
后面
锁缝
带
圆带
圆带
树脂
翻至正面，锁缝
A布的裁剪图
（No.63·65）
（正面）
折线
头
（No.64）
（正面）
折线
头
耳
B布的裁剪图
（No.63·64）
折线
带
（No.65）
装饰A
折线
带
（正面）
No.63～65毛毡的裁剪图
（浅茶色）（No.63）
耳
鬃毛
（黄色）装饰B
王冠
（古铜色）眼
鼻
（No.64）
（红）装饰C
舌
（古铜色）眼
鼻
（No.65）
（浅粉色）鼻
眼
折线
（粉色·蓝色）
脸·眼
*制图样纸上不包含缝份尺寸。加上裁剪图的缝份尺寸进行裁剪。

实大纸型・补花・刺绣图案

★ 刺绣使用指定的25号双股绣线。

＊毛毡全部裁剪后使用。

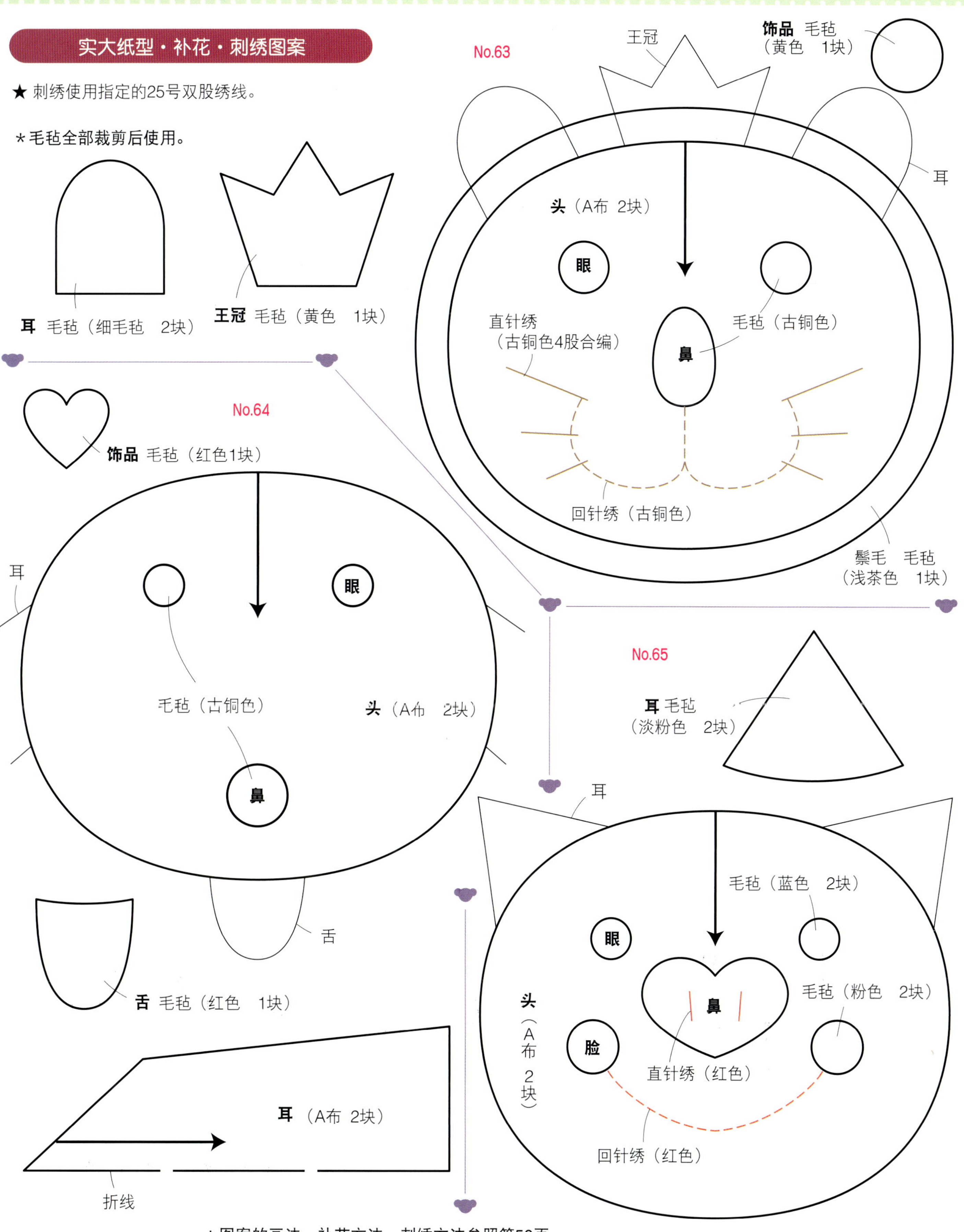

＊图案的画法、补花方法、刺绣方法参照第50页。

手提挎包和小袋

让人尽情享受逛街乐趣的手提挎包，给外出时行李多的妈妈们带来很大帮助。肩挎手提都很方便。抱宝宝时，装饰用的小熊布偶可以给宝宝做玩具。在小熊小袋里可以放一些小东西。

68 小熊手提挎包

67 小熊布偶

66 小熊小袋

66 制作方法：第 75 页
67、68 制作方法：第 76 页

小熊布偶的裙子其实是妈妈的发圈。

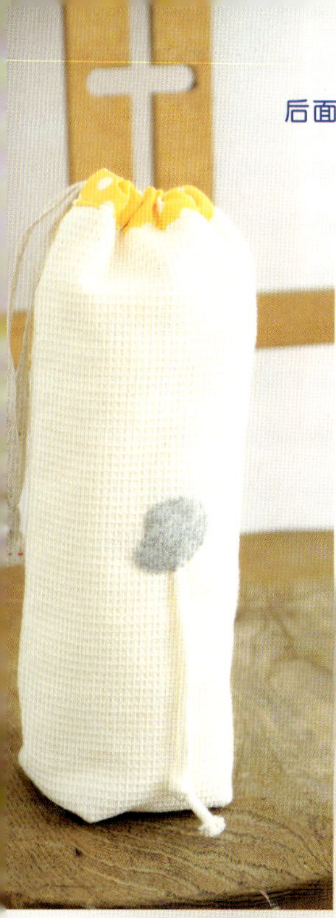

后面的尾巴

奶瓶袋和尿布袋

幽默的牛造型的奶瓶袋，背后的尾巴让人喜爱。尿布收纳袋使用漂亮的山羊印花布和水珠花纹布，装着尿布也会有不一样的心情。外兜可以放手纸。

69 制作方法：第 78 页
70 制作方法：第 80 页

70 山羊印花布料的尿布袋

69 牛

手缝基础知识

＊宝宝尺寸参考表

＊根据月份选择身长，体重

月　龄	作品尺寸	身长	体重	头围
新　生　儿	50cm	50cm	3kg	33cm
3　个　月	60cm	60cm	6kg	41cm
6　个　月	70cm	70cm	9kg	45cm
12～18 个月前后	80cm	80cm	11kg	48cm

＊制图记号＊

★ 箭头方向为布纹方向

成品轮廓线	针边方向	纽扣
辅助线	直角记号	按扣
折边线	等分线	表示褶的折法
裁剪线	衬布记号	

打结　在线端打结。

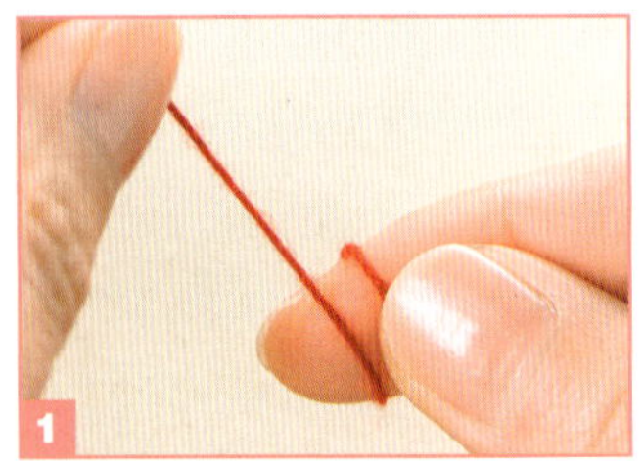
把线在食指上绕 1 圈。

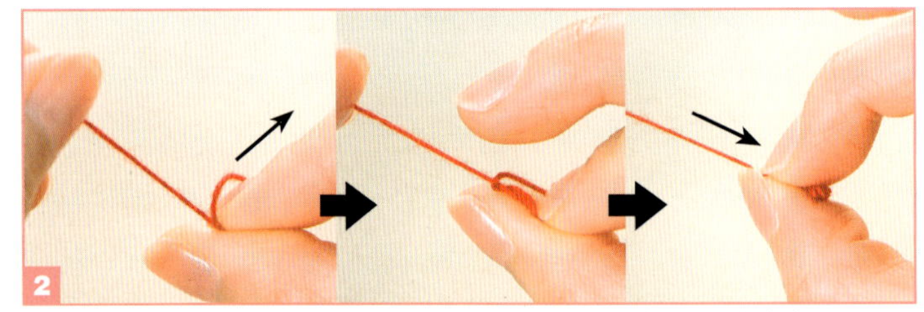
把食指按在拇指上滑动，食指从绕圈中脱出，中指和拇指捏住线头。

拉一下线，打结完成。

缝完打结　缝到最后打结剪断线。

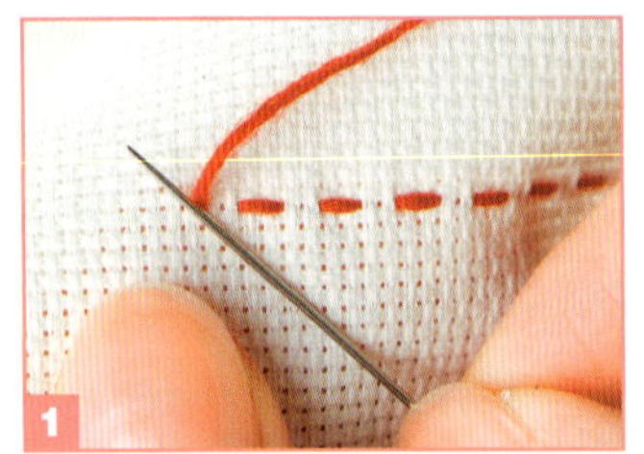
缝到最后时放上针。

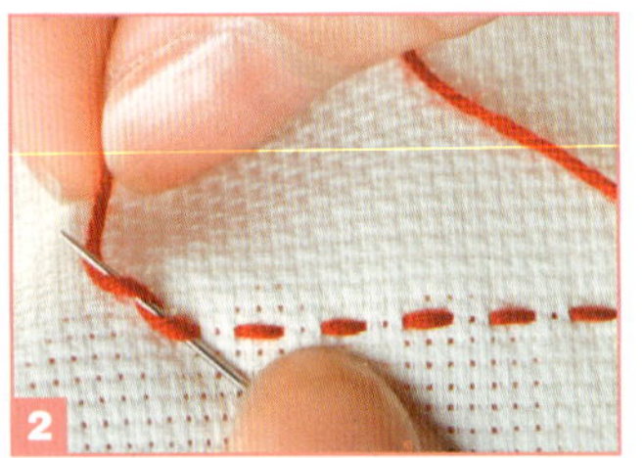
右手捏住线，在针上绕 2～3 圈。

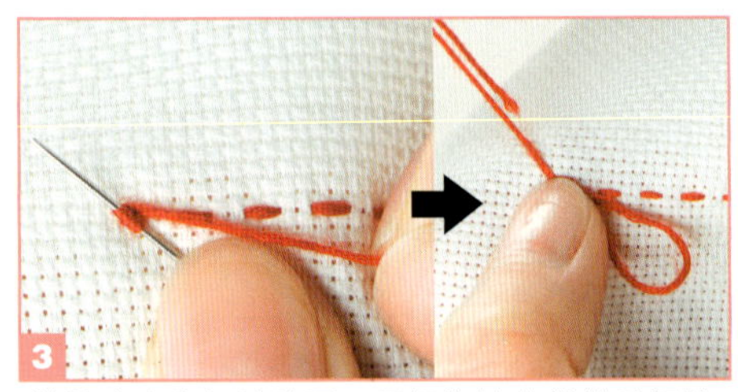
将针穿出绕好的线圈，用拇指按住线然后把线圈收紧到线的根部。

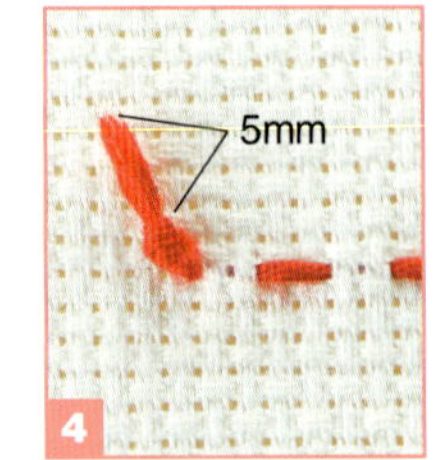

留 5mm 线头，剪断。

平针缝　正、反面都是同样针脚。

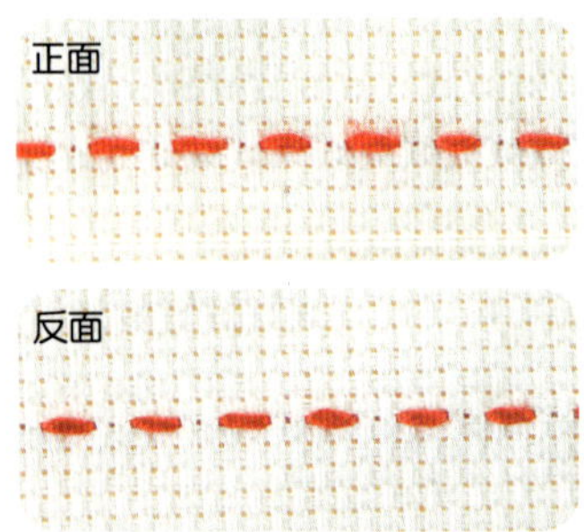

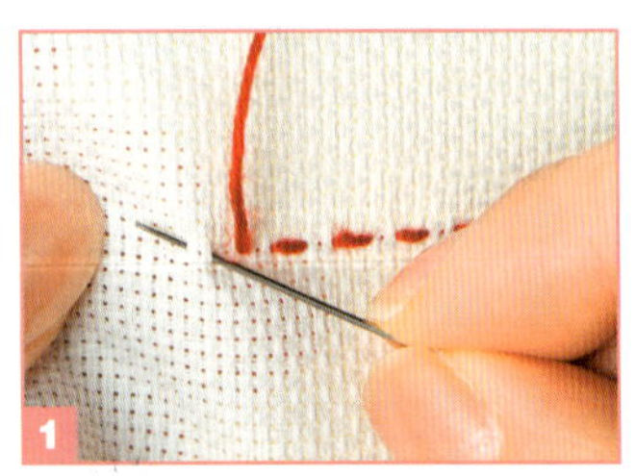
开始缝的 1～2 针用手指捏住针缝。

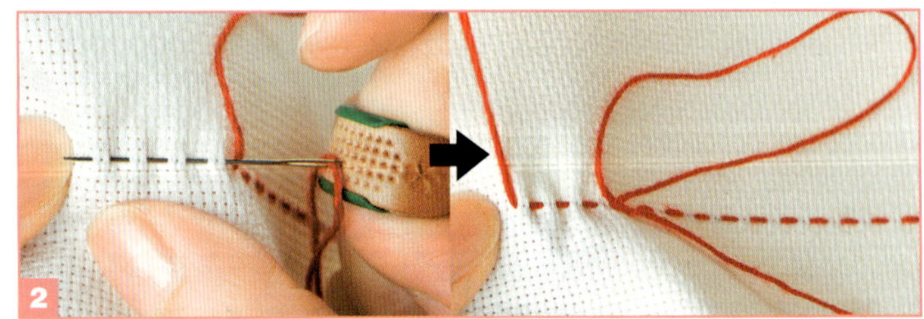
固定好针，在中指的顶针推动下，一上一下让针均匀穿过，拉线。针脚间隔 3～4mm。

暗锁缝　尽量从正面看不出斜的锁边针脚。

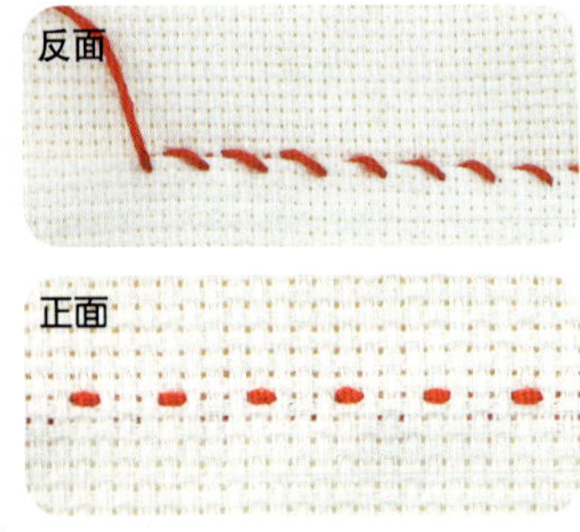

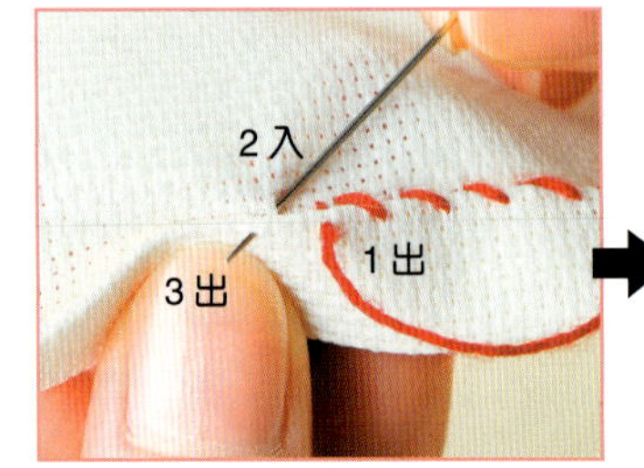

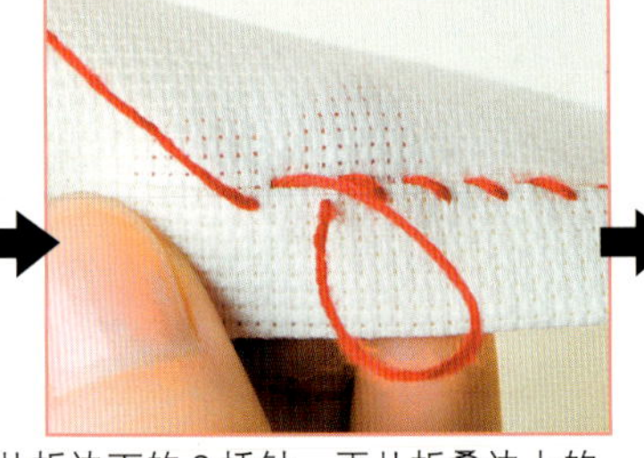

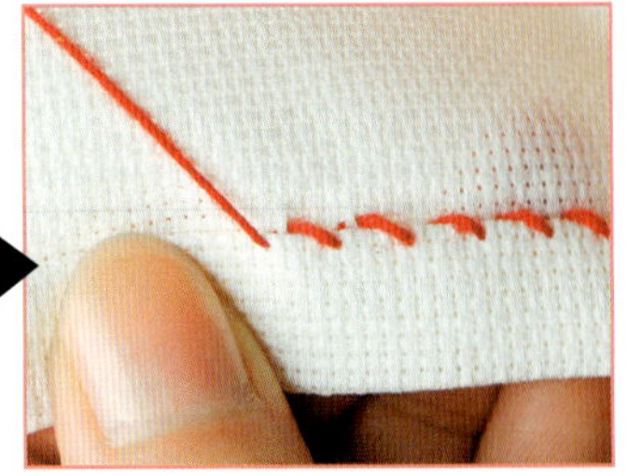
折山形时，从折叠边上 1 抽出针，从折边下的 2 插针，再从折叠边上的 3 出针，3 点尽量在一直线上，1 和 2 之间形成斜针脚。

直线包边

【两折斜裁布条】

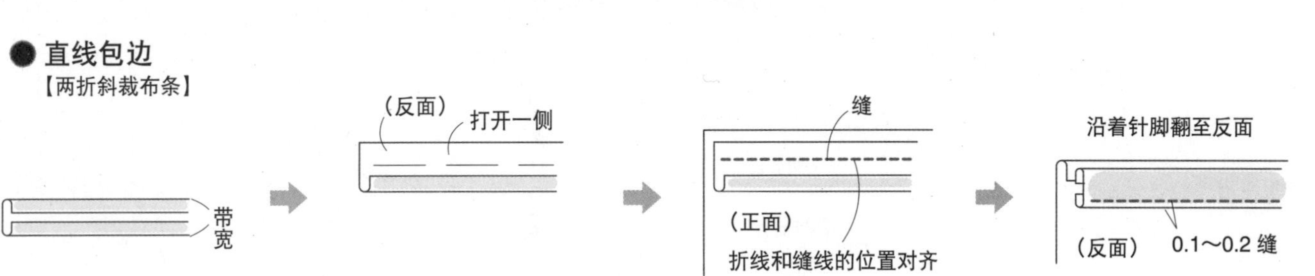

直角包边

【斜裁包边布条】

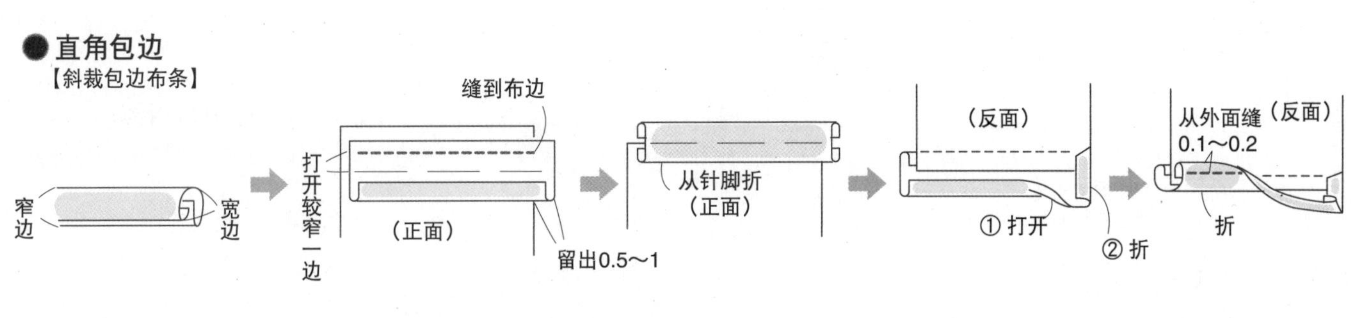

内凹曲线包边

【斜裁包边布条】

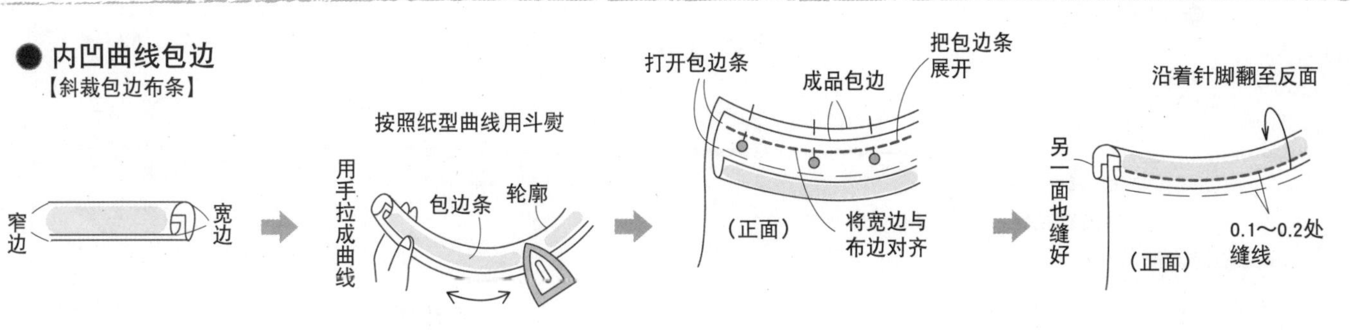

外凸曲线包边

【斜裁包边布条】

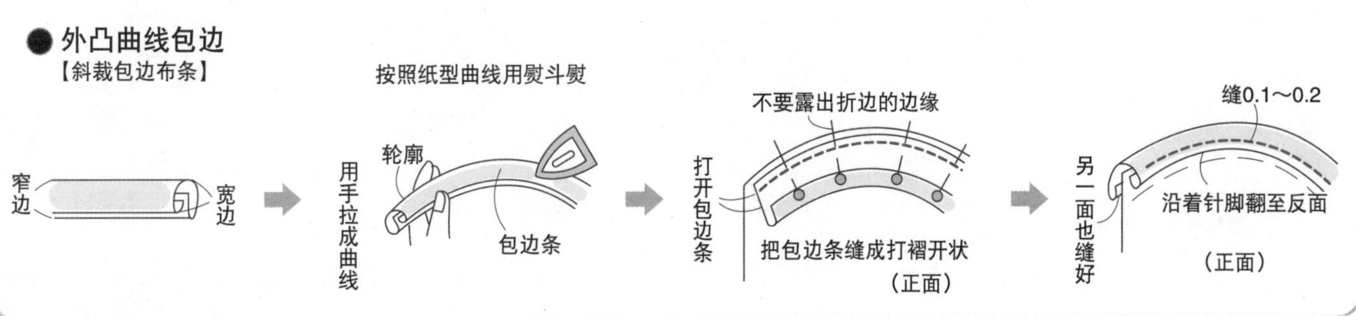

斜裁布条的裁剪方法和拼接法

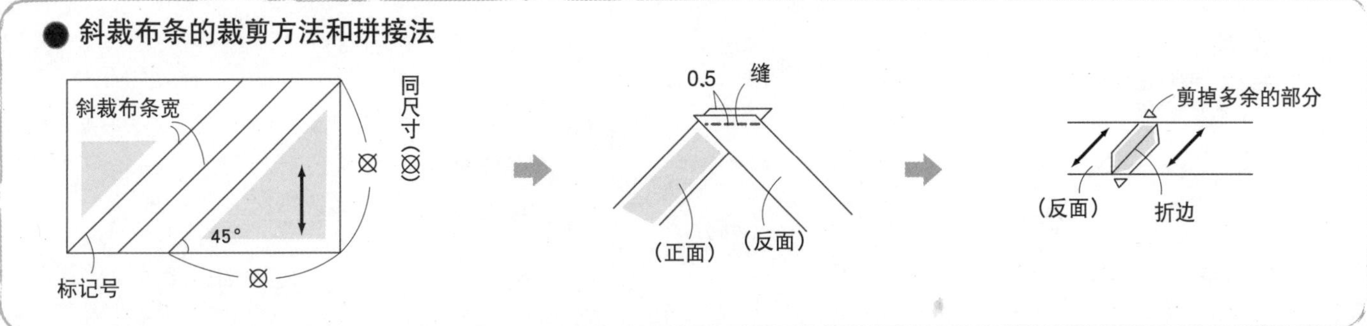

图案的补花、刺绣方法

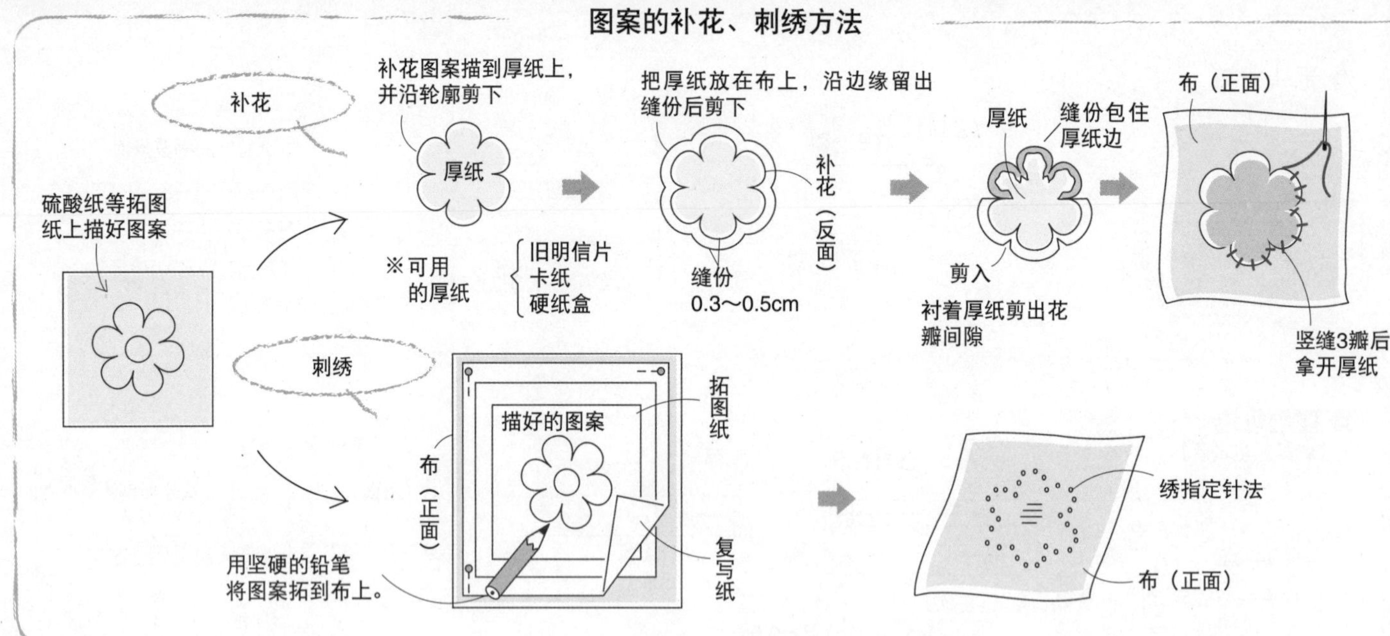

刺绣方法

● 括号说明

<例> 平针缝
（红色双股线）

绣线的颜色

绣线的股数

※未指定颜色时，使用和毛毡同色线。

● 刺绣方法

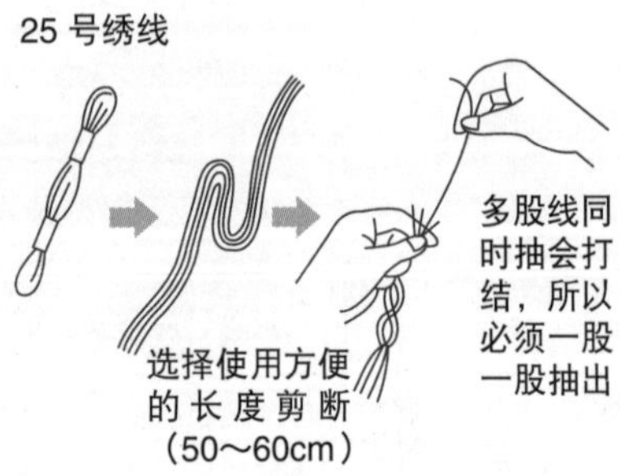

25 号绣线

选择使用方便的长度剪断（50～60cm）

多股线同时抽会打结，所以必须一股一股抽出

●股

把1股1股抽出的刺绣线，成1根使用

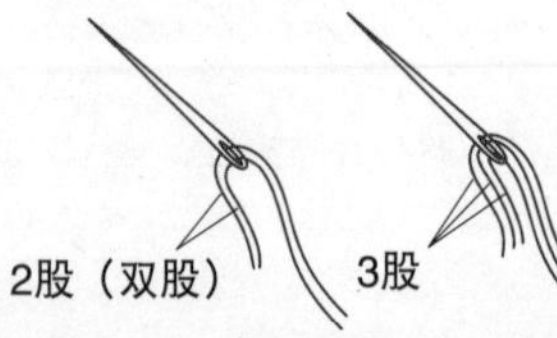

2股（双股）　3股

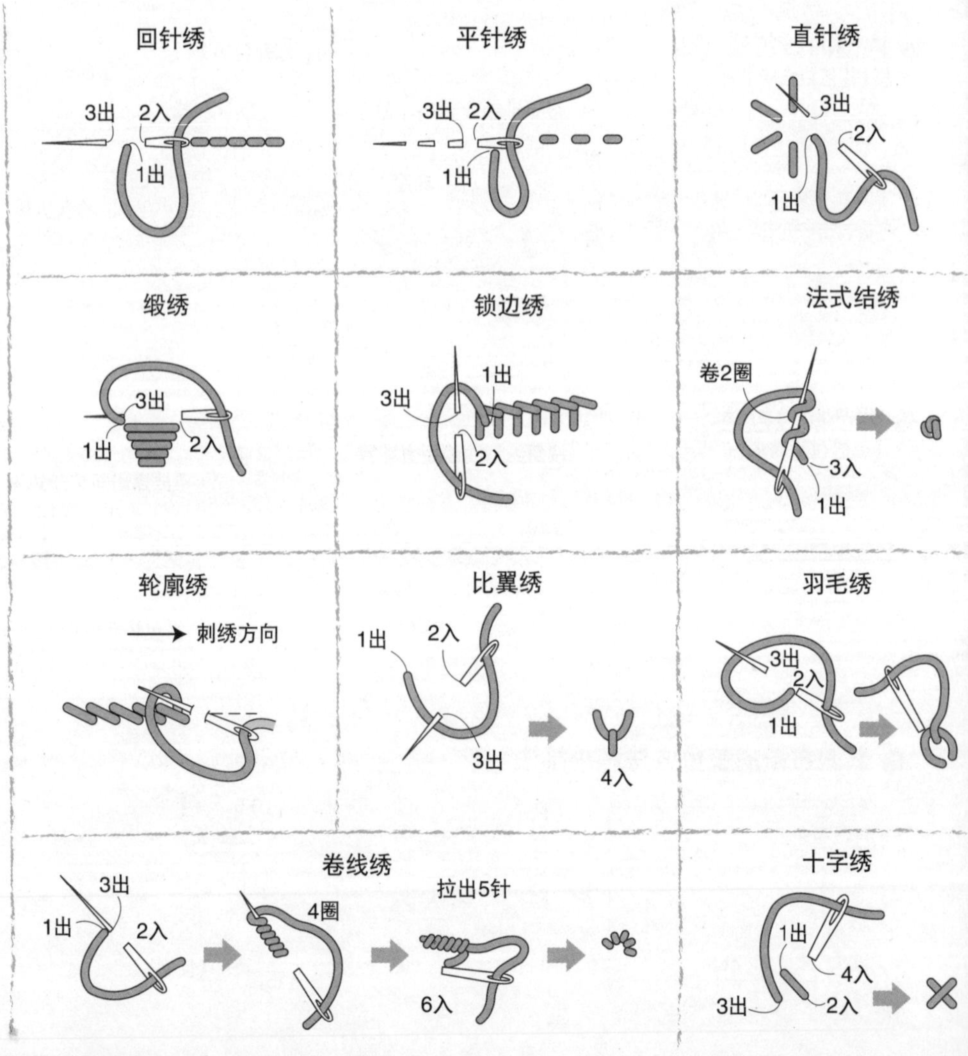

回针绣

3出　2入　1出

平针绣

3出　2入　1出

直针绣

3出　2入　1出

缎绣

3出　1出　2入

锁边绣

1出　3出　2入

法式结绣

卷2圈　3入　1出

轮廓绣

→ 刺绣方向

比翼绣

1出　2入　3出　4入

羽毛绣

3出　2入　1出

卷线绣

3出　1出　2入　4圈　拉出5针　6入

十字绣

1出　4入　3出　2入

实大纸型的使用方法

裁开实大纸型

◆从点线开始裁开实大纸型。

◆按编号确认作品纸型用什么表示，分几张。

临摹到纸上

◆临摹方法有以下2种。

【不是临摹在玻璃纸的场合】

临摹纸上放上样纸。拷贝纸夹在中间，用软点线笔临摹。

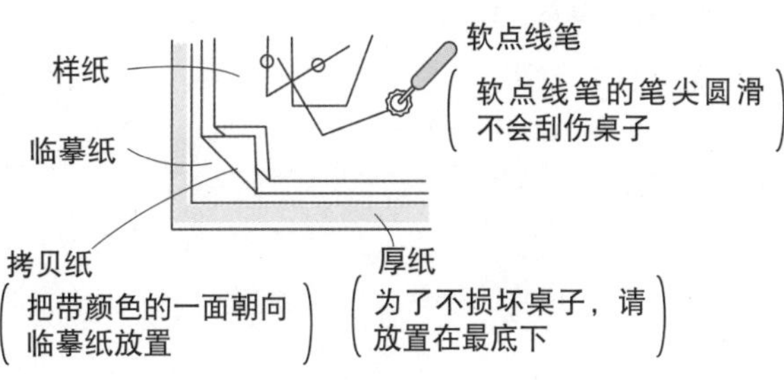

【临摹在玻璃纸的场合】

纸型上放临摹的玻璃纸（牛皮纸等），用铅笔临摹。

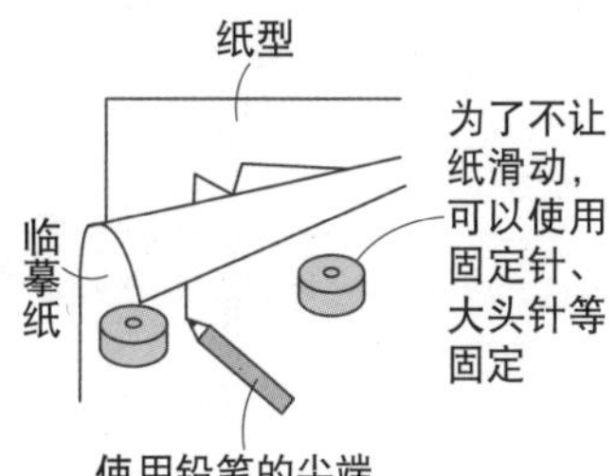

【临摹样纸时的注意点】

不要忘记临摹合印、位置、线头、布纹等，部件名称也写上。

加缝份，剪纸型

◆纸型上没加上缝份，按照制作方法页加上缝份。

【加缝份时的注意点】

- 需要缝合部分的缝份应一样宽。
- 在画好的轮廓线外平行地加缝份。
- 延长缝份时，保留临摹纸的空白，并且返折窝边剪断，不要让缝份不够，要有富余。（见右图）
- 根据布料（厚度、弹性）和缝合位置（后中心、前中心、左胁线等）的缝制方法等，缝份制作会不一样。

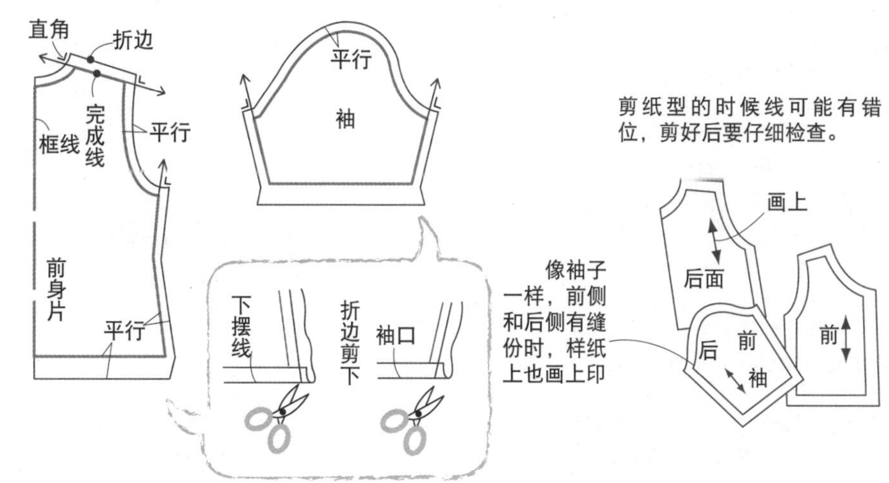

剪纸型的时候线可能有错位，剪好后要仔细检查。

把纸型放在布上，然后裁布

- 把需要的样纸放在布上。这时要注意布的折法，样纸和布纹的方向，并且让布固定，进行裁剪。

在实大纸型里没有放入直线部件。可根据自己的习惯选择做纸型或直接在布上画线裁剪。

第12页 12～16 手指玩偶

12 的材料（小鸡）
A布（印花棉布）20cm×10cm
可洗毛毡（黄色）10cm×15cm
（红色）8cm×5cm
（橙黄色）3cm×2cm
（黄绿色）3cm×2cm
25号绣线（黄色、古铜色、黄绿色、粉色）
填充棉（H405-003）、工艺用黏合剂、手缝线

13 的材料（狮子）
A布（印花棉布）20cm×10cm
可洗毛毡（米色）10cm×15cm
（蓝色）15cm×7cm
（红褐色）2cm×2cm
25号线（蓝色、米色、古铜色、土黄色）
填充棉（H405-003）、工艺用黏合剂、手缝线

14 的材料（兔子）
A布（水珠花棉布）20cm×10cm
可洗毛毡（粉色）15cm×15cm
（红色）2cm×2cm
25号绣线（粉色、古铜色、红色）
填充棉（H405-003）、工艺用黏合剂、手缝线

15 的材料（狗熊）
A布（方格花棉布）20cm×10cm
可洗毛毡（茶色）15cm×15cm
（红褐色）2cm×2cm
（红色）3cm×3cm
25号绣线（茶色、古铜色、红色）
填充棉（H405-003）、工艺用黏合剂、手缝线

16 的材料（青蛙）
A布（水珠花棉布）20cm×10cm
可洗毛毡（黄绿）15cm×15cm
（黄色）3cm×3cm
25号绣线（黄绿色、红色、古铜色、黄色）
填充棉（H405-003）、手缝线

纵缝

和法式结绣一样，把针斜着穿过，使针脚一致

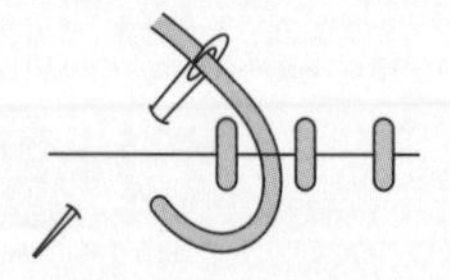

制作方法

1 两张对齐，做指套

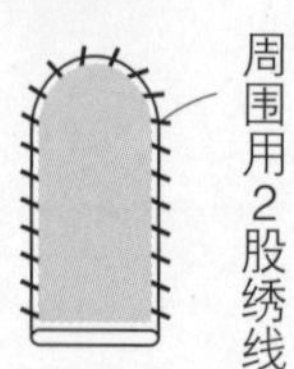

2 制作衣服

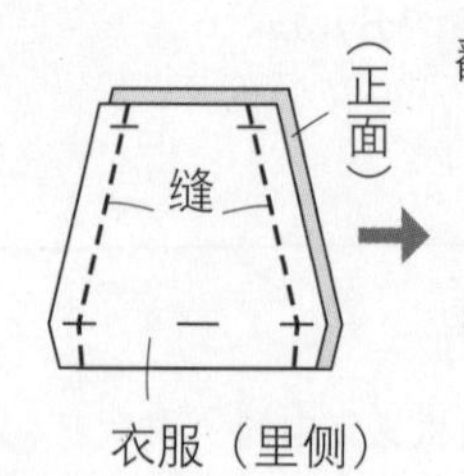

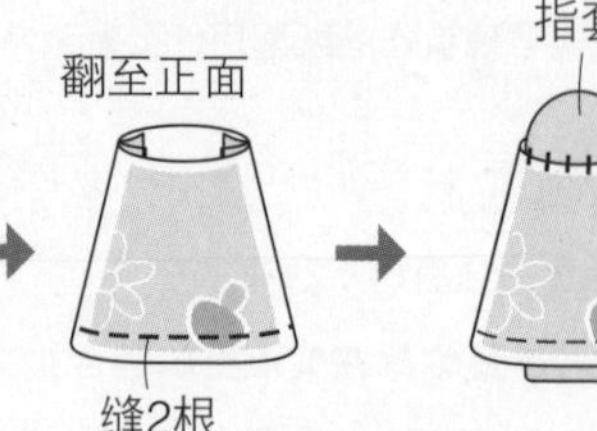

3 制作头部

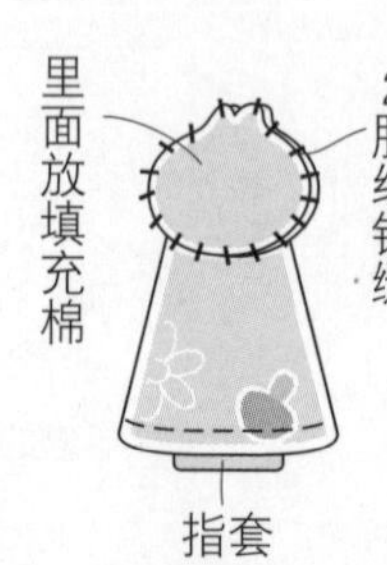

4 制作草莓，缝上

5 补花和刺绣

No.16
完成品

No.12～16 A布的裁剪图

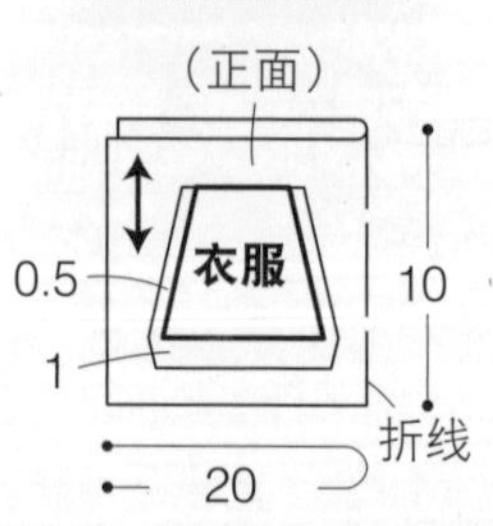

No.12 毛毡的裁剪图

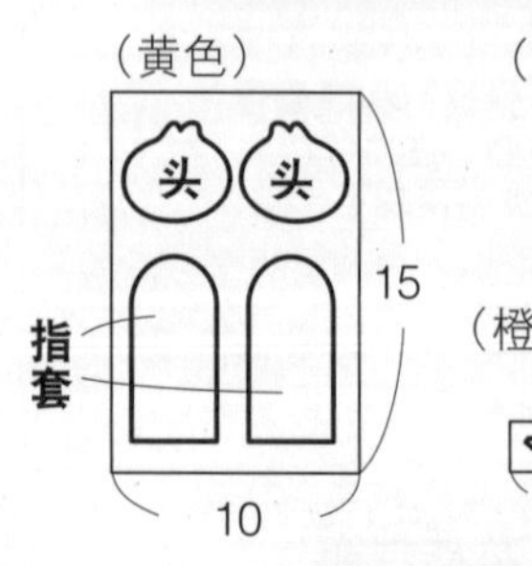

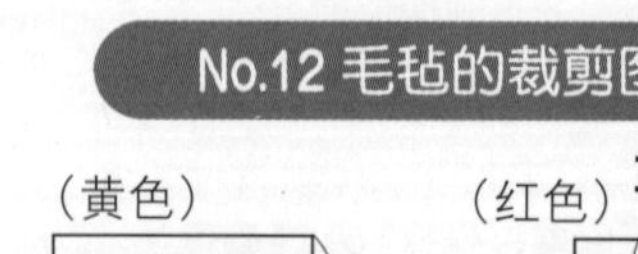

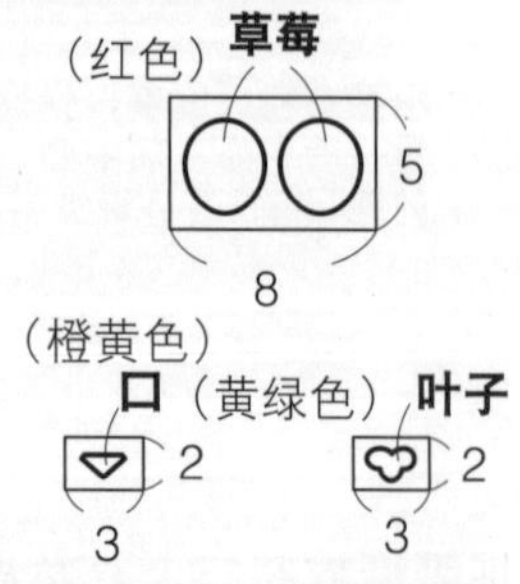

No.13 毛毡的裁剪图

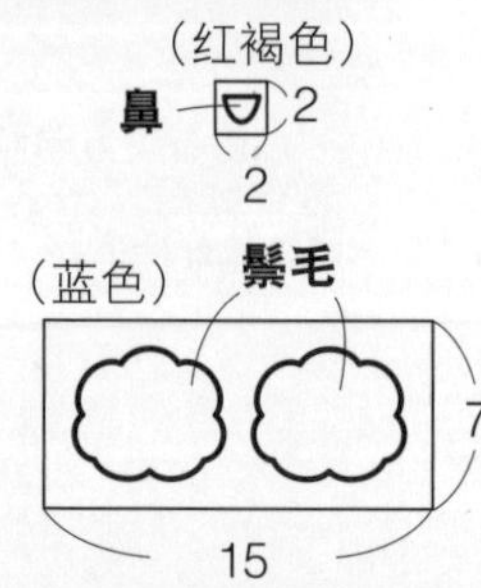

No.15 毛毡的裁剪图

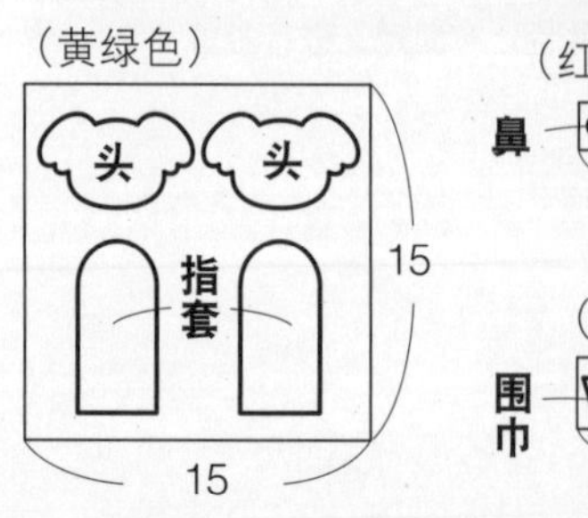

*样纸上不包含缝份尺寸。加上裁剪图的缝份尺寸，进行裁布。

实大纸型・刺绣图案

★ 刺绣使用指定的25号双股绣线。

＊毛毡全部使用裁剪。

No.12 <小鸡> No.15 <狗熊>
No.16 <青蛙>的实大纸型
在第54页

No.12 的草莓

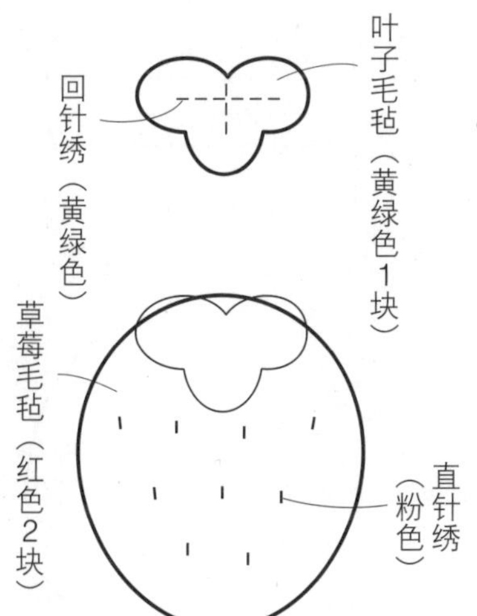

No.13

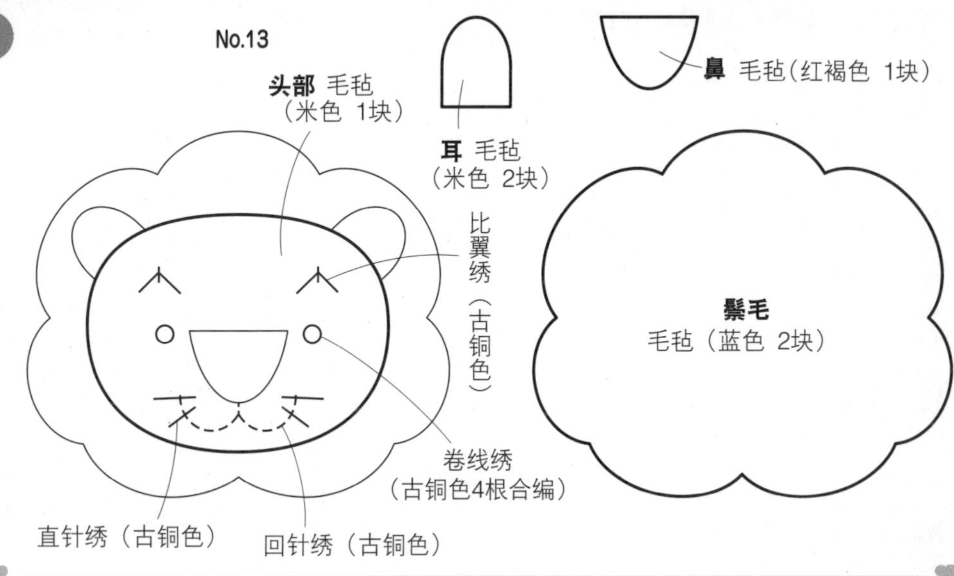

No.14

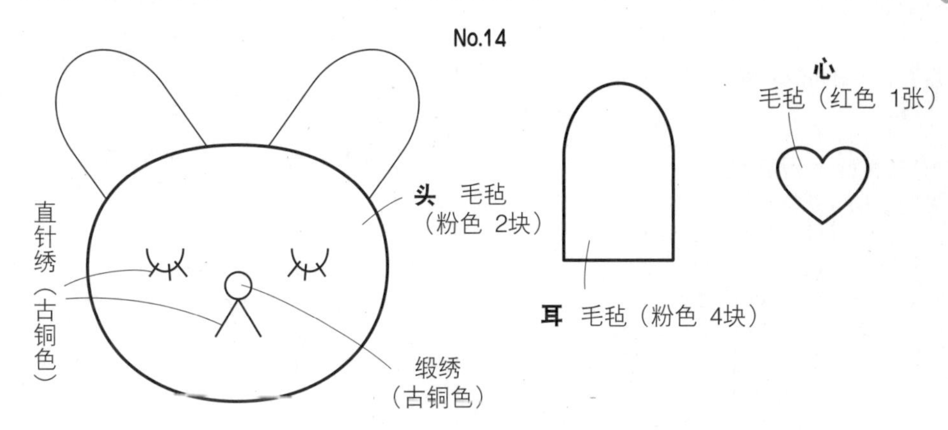

No.14 毛毡的裁剪图

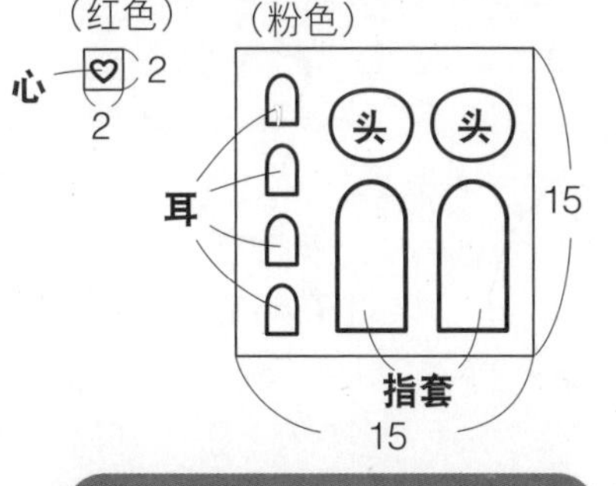

No.16 毛毡的裁剪图

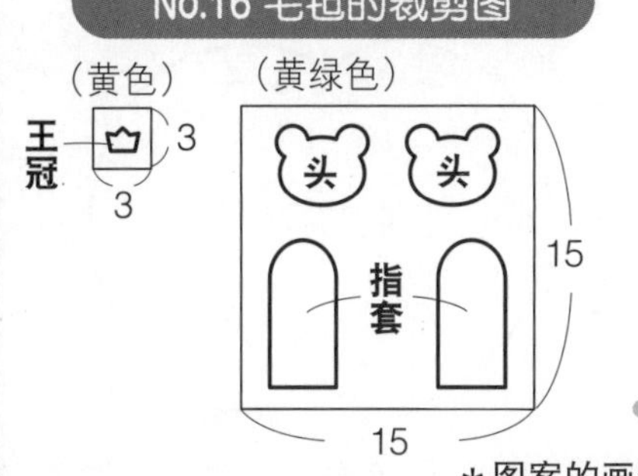

实大纸型

＊指套使用和各个头部相同的毛毡。

指套
毛毡（2块）

衣服（A布 2块）

用绣线平行缝

＊图案的画法、补花方法、刺绣方法参照第50页。

第13页 **17～19** 夹扣

17 的材料（王冠和青蛙）
可洗毛毡（黄绿色）15cm×6cm
（绿色）12cm×5cm
（黄色）3cm×3cm
带1cm×30cm
25号绣线（黄绿色、红色、古铜色、黄色、绿色）
夹子1.5cm×3.5cm　2个
填充棉（H405-003）、工艺用黏合剂
手缝线

18 的材料（鸡蛋和小鸡）
可洗毛毡（黄色）10cm×6cm
（白色）8cm×5cm
（橙黄色）3cm×2cm
麻混带（H869-925）1cm×3cm
弯曲带（H869-420-008）0.7cm×30cm
25号绣线（黄色、古铜色、橙黄色、白色）
夹子1.5cm×3.5cm　2个
填充棉（H405-003）、工艺用黏合剂
手缝线

19 的材料（苹果和考拉）
可洗毛毡（茶色）15cm×6cm
（红）15cm×6cm
（红褐色）2cm×2cm
（绿）3cm×3cm
带（H869-938-002）1cm×30cm
25号绣线（茶色、古铜色、红色）
夹子1.5cm×3.5cm 2个
填充棉（H405-003）、工艺用黏合剂
手缝线

缝耳朵

针不要直角对着毛毡穿入，稍微斜着穿入会让针脚更好看。

缝耳朵之类时，先用黏合剂粘好之后缝会更容易缝。

实大纸型·刺绣图案

★ 刺绣使用指定25号双股绣线。

*毛毡全部使用裁剪。

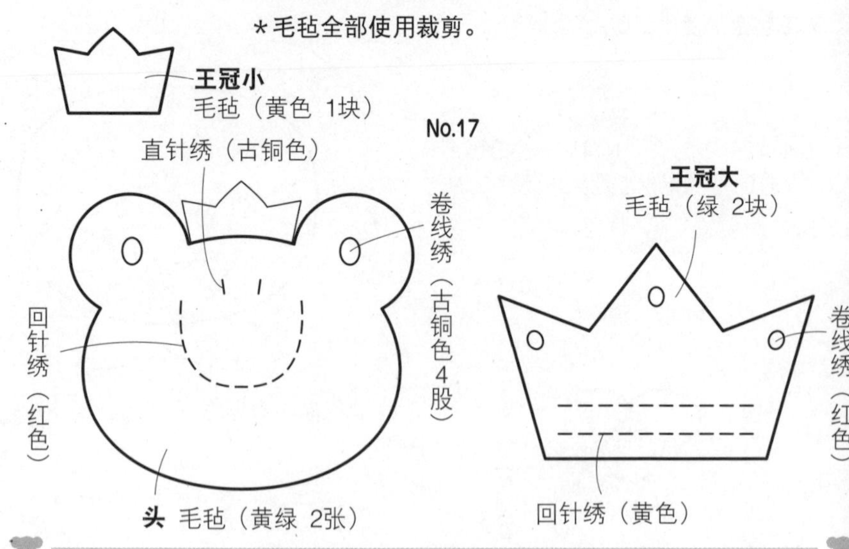

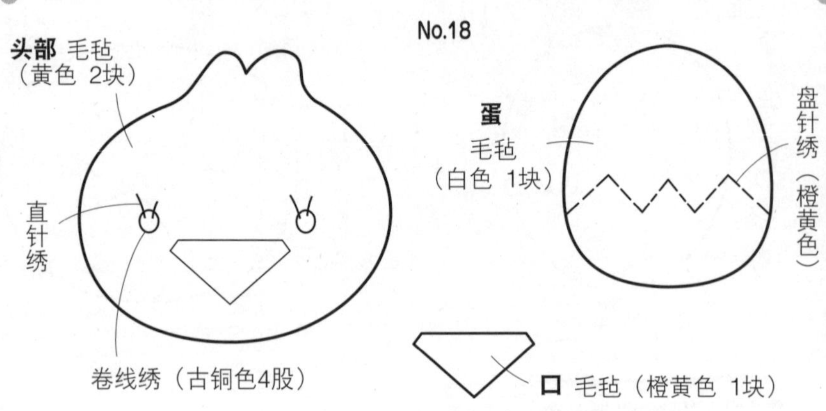

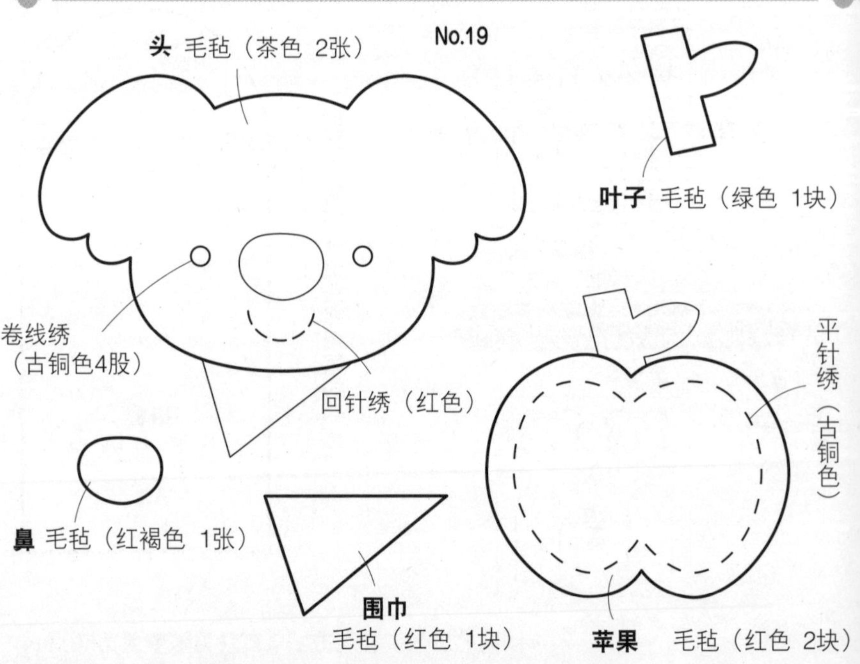

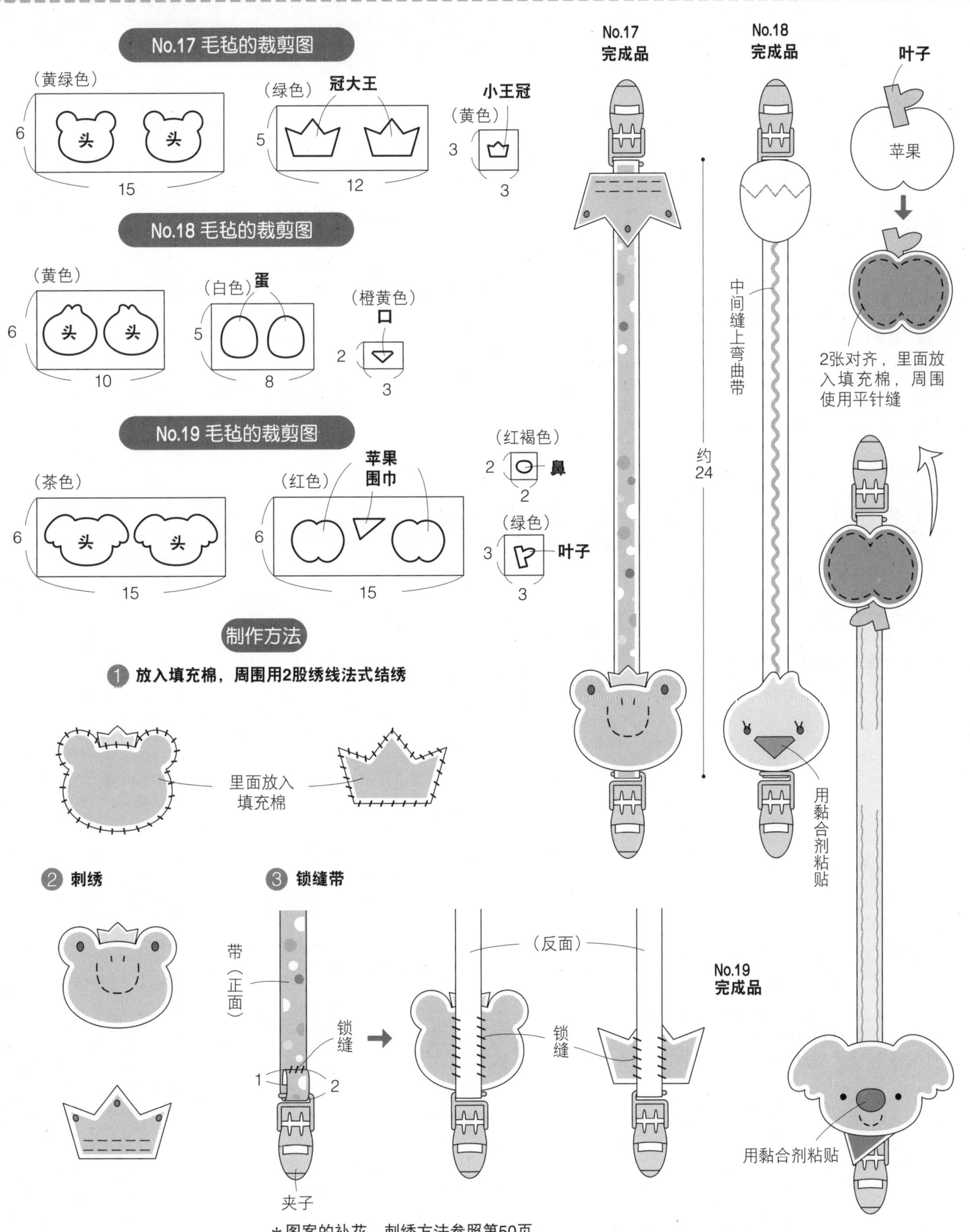

＊图案的补花、刺绣方法参照第50页。

第15页 **22～23** 宝宝鞋

22的材料（大象）
A布（双面针织棉布）110cm×20cm
铺棉20cm×15cm
黏合衬80cm×20cm
粘扣2cm×2cm
毛毡（蓝色）8cm×4cm
25号绣线（蓝色、古铜色、红色）
饰扣直径1.3cm 2个
手缝线

23的材料（小鸡）
A布（格子纹棉布）65cm×20cm
B布（花色棉布）50cm×20cm
铺棉 20cm×15cm
黏合衬 80cm×20cm
粘扣 2cm×2cm
可洗毛毡（黄色）5cm×5cm
（薄荷绿）72cm×2cm
25号绣线
（红色、古铜色、黄色、黄绿色、粉色、薄荷绿）
带 0.6cm×20cm
饰扣直径1.2cm 2个
手缝线

实大纸型
57页

a
正面
内侧
b
外底、内底（各2块）

鞋带（2块）
粘扣
饰扣
折线
带
（**No.23**）

缝鞋带位置（内侧）
折线
a
正面面・内侧面
（各2块）
b
粘扣位置（正面）

No.23 A 布裁剪图

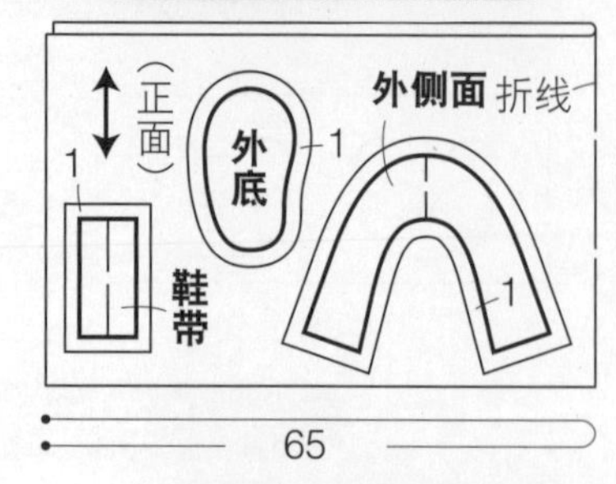

No.23 B 布的裁剪图

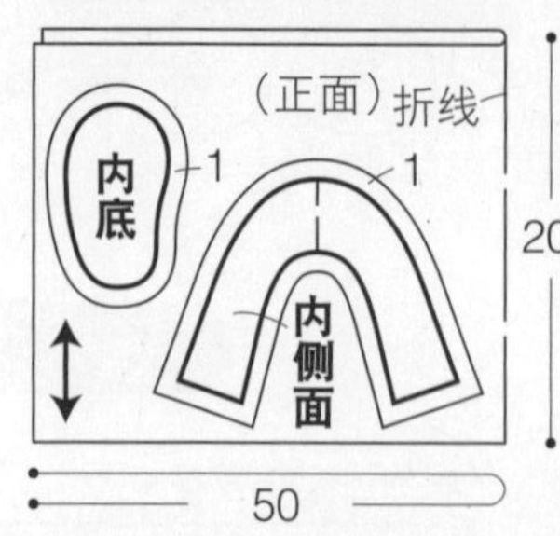

No.22 A 布裁剪图

No.22・23 黏合衬裁剪图

正面
内底
1
内侧面
1
外底
1
外侧面
折线
鞋带
20
A布 110
黏合衬 80

No.22・23 铺棉的裁剪图

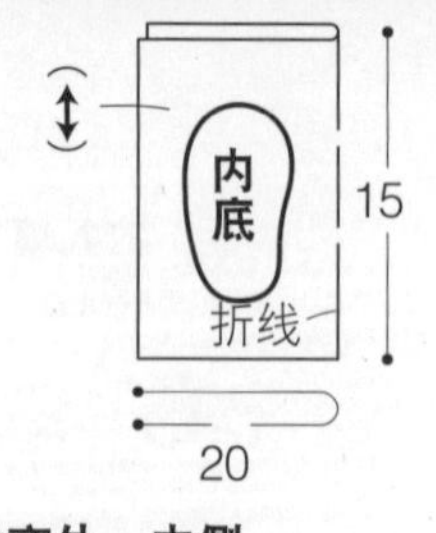

制作方法

1 外底贴黏合衬，内底贴铺棉

黏合衬
铺棉
外底（反面）
内底（反面）
*另一只也同样

2 在外、内侧面贴黏合衬，缝后面中心线

*No.22 把A布反面朝外，缝黏合衬

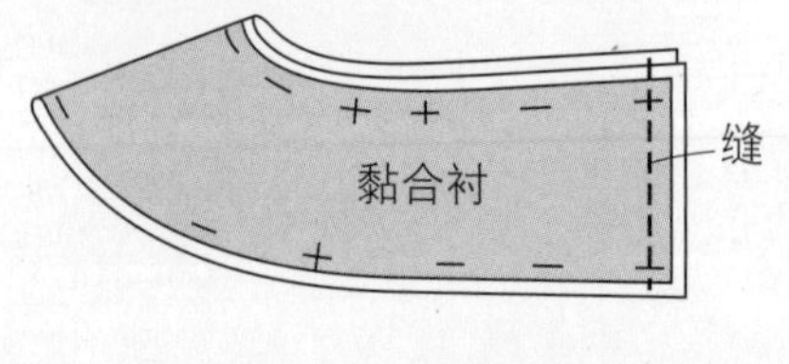

打开缝份

3 缝鞋带

带（只限 No.23）
暗锁缝里面
鞋带
（正面）
*做2根
翻至正面
① 缝
② 剪0.5折边

4 对齐外、内侧，缝上鞋带

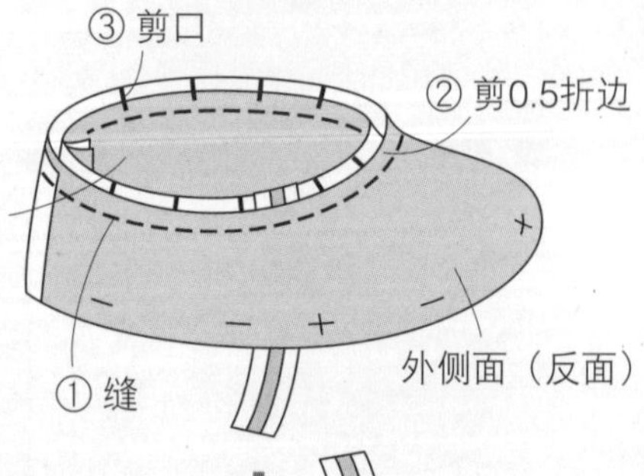

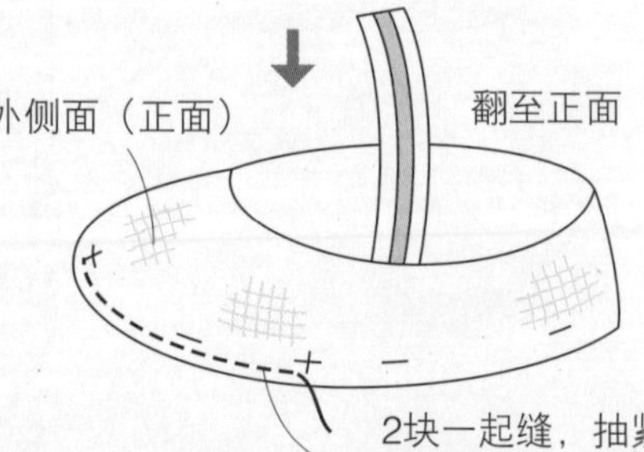

*样纸上不包含缝份尺寸。加上裁剪图的缝份尺寸进行裁布。

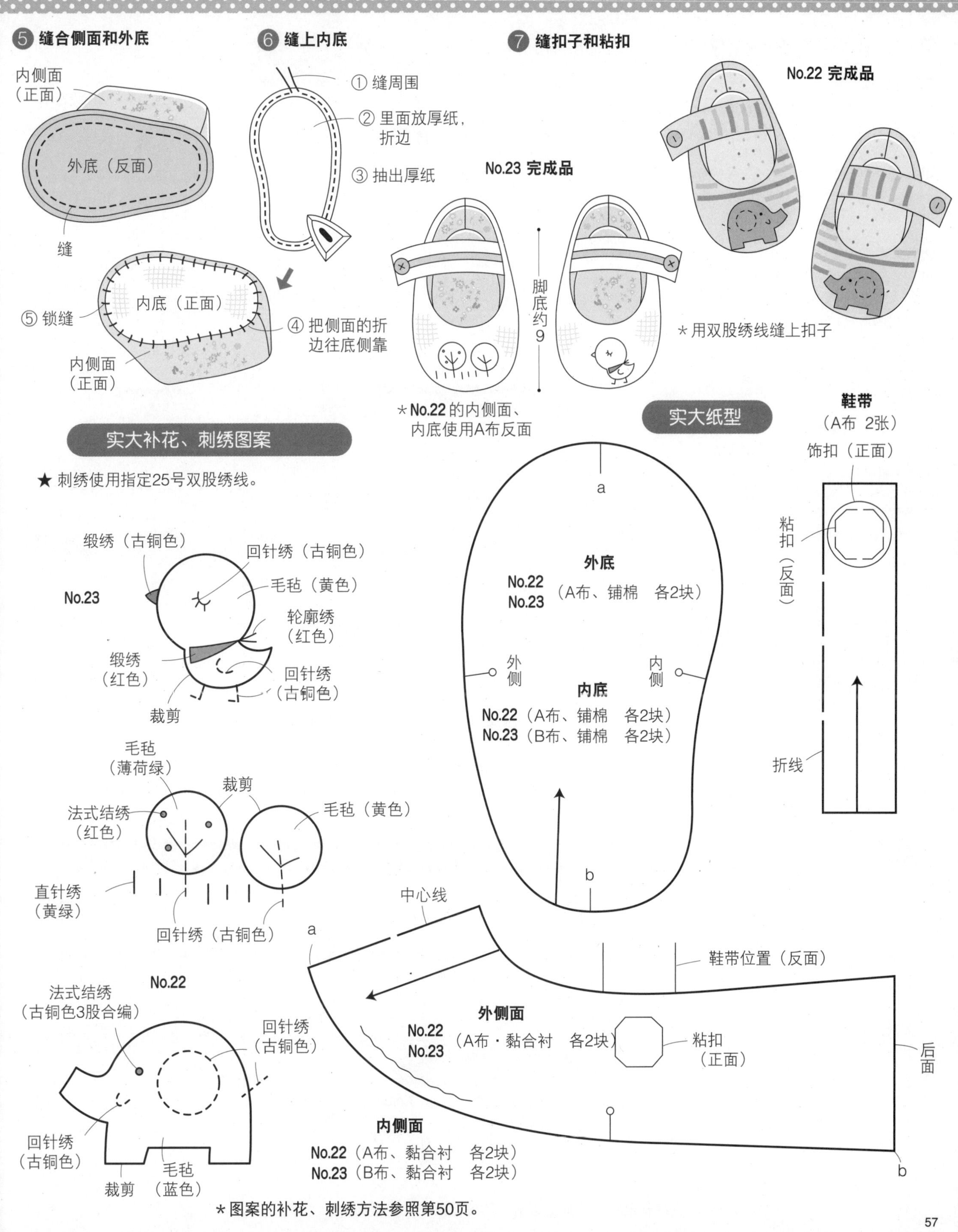

⑤ 缝合侧面和外底
内侧面（正面）
外底（反面）
缝
⑥ 缝上内底
① 缝周围
② 里面放厚纸，折边
③ 抽出厚纸
④ 把侧面的折边往底侧靠
⑤ 锁缝
内底（正面）
内侧面（正面）
⑦ 缝扣子和粘扣
No.22 完成品
No.23 完成品
脚底约9
＊用双股绣线缝上扣子
＊No.22 的内侧面、内底使用A布反面
实大补花、刺绣图案
★ 刺绣使用指定25号双股绣线。
No.23
缎绣（古铜色）
回针绣（古铜色）
毛毡（黄色）
轮廓绣（红色）
缎绣（红色）
回针绣（古铜色）
裁剪
毛毡（薄荷绿）
裁剪
法式结绣（红色）
毛毡（黄色）
直针绣（黄绿）
回针绣（古铜色）
No.22
法式结绣（古铜色3股合编）
回针绣（古铜色）
回针绣（古铜色）
裁剪
毛毡（蓝色）
＊图案的补花、刺绣方法参照第50页。
实大纸型
鞋带（A布 2张）
饰扣（正面）
粘扣（反面）
折线
a
外底
No.22
No.23
（A布、铺棉 各2块）
外侧
内侧
内底
No.22（A布、铺棉 各2块）
No.23（B布、铺棉 各2块）
b
中心线
a
鞋带位置（反面）
外侧面
No.22
No.23
（A布・黏合衬 各2块）
粘扣（正面）
后面
内侧面
No.22（A布、黏合衬 各2块）
No.23（B布、黏合衬 各2块）
b

第18、19页 24～27 围嘴和安抚奶嘴带扣

24 的材料（瓢虫）
A布（双面针织棉布）50cm×25cm
B布（双面针织棉布）25cm×15cm
斜裁布条（两折）2cm×80cm
可洗毛毡（蓝色）3cm×12cm
（黑色）12cm×3cm
25号绣线（红色、蓝色、黑色）

25 的材料（花）
可洗毛毡（橙黄色）15cm×7cm
（粉色）3cm×3cm
丝带1cm×75cm
25号绣线（橙黄色、粉色）
夹子1.3cm×2.5cm　1个
填充棉（H405-003）

26 的材料（四叶草）
可洗毛毡（淡绿色）15cm×7cm
丝带1cm×75cm
25号绣线（淡绿、橙黄、红、黑）
夹子宽1.3cm×长2.5cm1个
填充棉（H405-003）

27 的材料（蜜蜂）
A布（双面针织棉布）50cm×25cm
B布（双面针织棉布）25cm×15cm
针织包边条1.1cm×80cm
可洗毛毡（古铜色）3cm×2cm
（白色）7cm×7cm
25号绣线（红色、古铜色）

实大纸型 A面 24・27

No.24
26
带（斜裁布条）
边饰
＊改换只是外本体
（A布）
前中心线
（B布）
外本体（A布、B布 各1块）
里本体（A布 1块）

No.27
26
带（针织带）
边饰
（A布）
前中心线
（B布）
（A布）
（B布）
外本体（A布・B布 各1块）
里本体（A布 1块）

实物大小的补花图案

No.24
裁剪
斑点 毛毡（黑色　4块）
眼 毛毡（No.24 蓝色 / No.27 古铜色 各2块）

No.27
翅膀 毛毡（白色 2块）
裁剪

制作方法

1 制作外本体

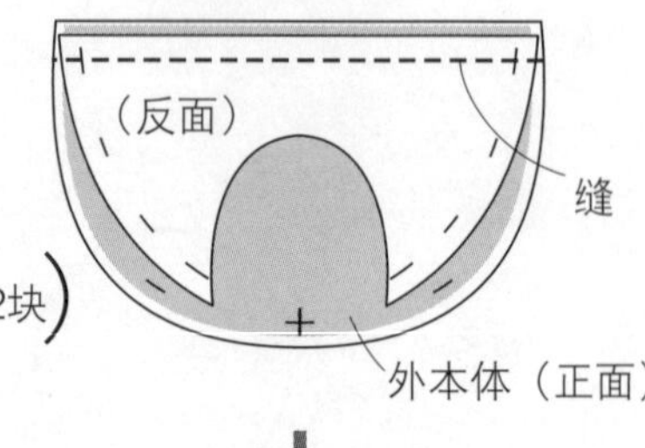

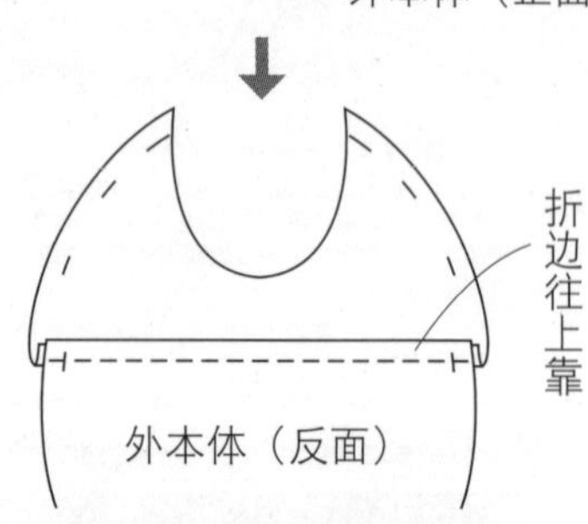

No.24 A 布的裁剪图　No.25 B 布的裁剪图　No.27 B 布的裁剪图

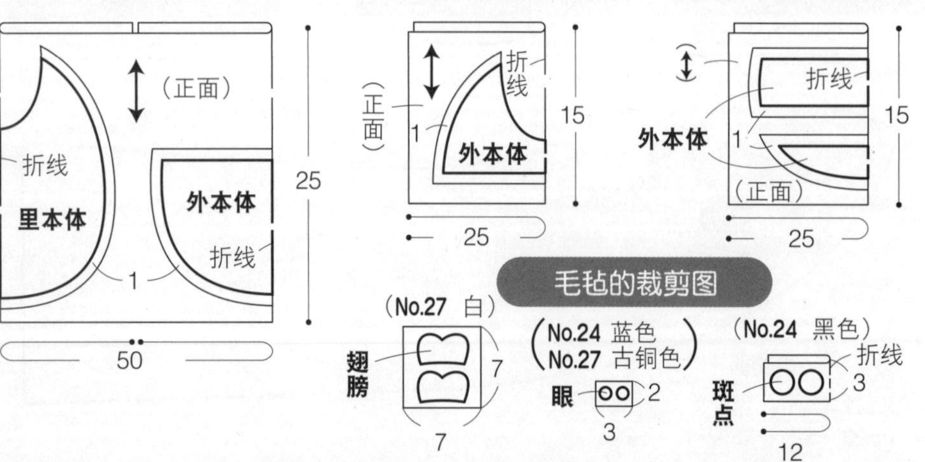

No.27 A 布的裁剪图

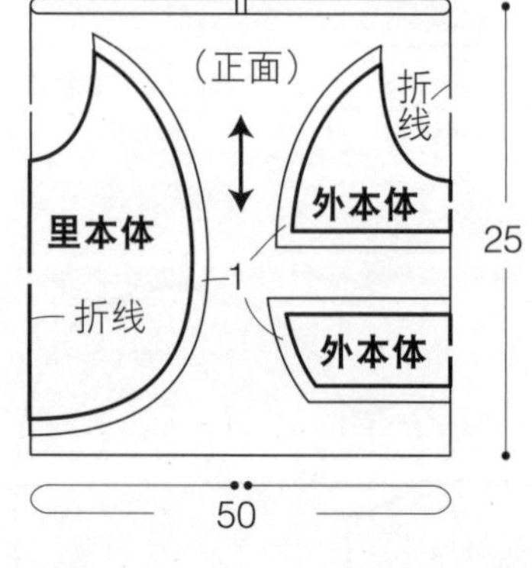

＊各图不包含缝份尺寸。请加上裁剪图的缝份尺寸进行裁布。

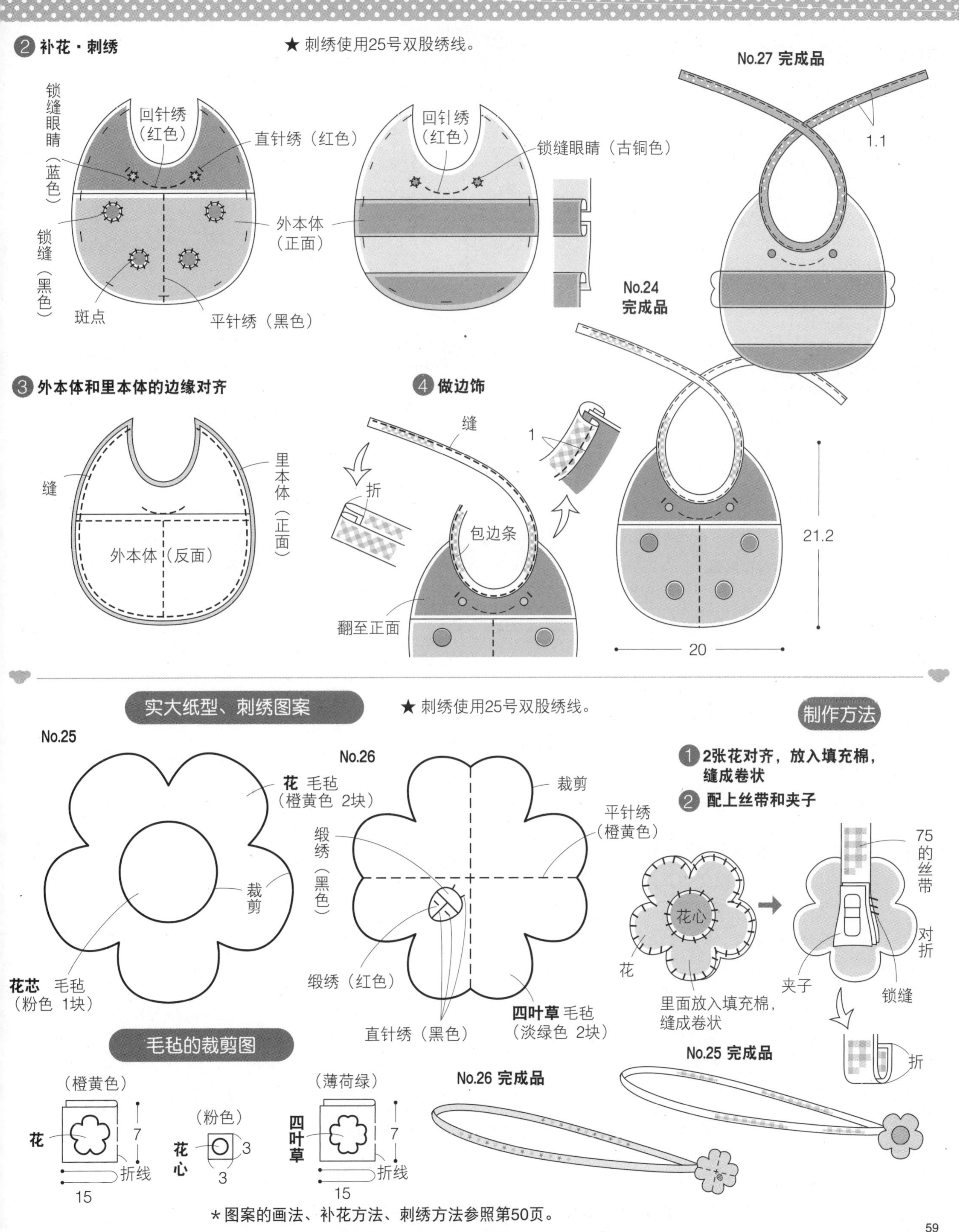

*图案的画法、补花方法、刺绣方法参照第50页。

第20页 28～29 小摇铃

28 的材料（小熊）
A布（棉绒布）20cm×10cm
B布（方格花棉布）35cm×10cm
可洗毛毡（白色）5cm×2.5cm
（古铜色）2cm×1cm
（粉色）1.5cm×1.5cm
25号绣线（白色、红色、古铜色）
松紧带0.7cm×15cm
铃铛直径1cm 1个
填充棉（H405-003）、工艺用黏合剂、手缝线

29 的材料（兔子）
A布（双面针织棉布）30cm×10cm
B布（花色棉布）35cm×10cm
毛毡（粉色）2.5cm×1.5cm
25号绣线（红色、古铜色、粉色）
松紧带0.7cm×15cm
铃铛直径1cm　1个
填充棉（H406-003）、工艺黏合剂、手缝线

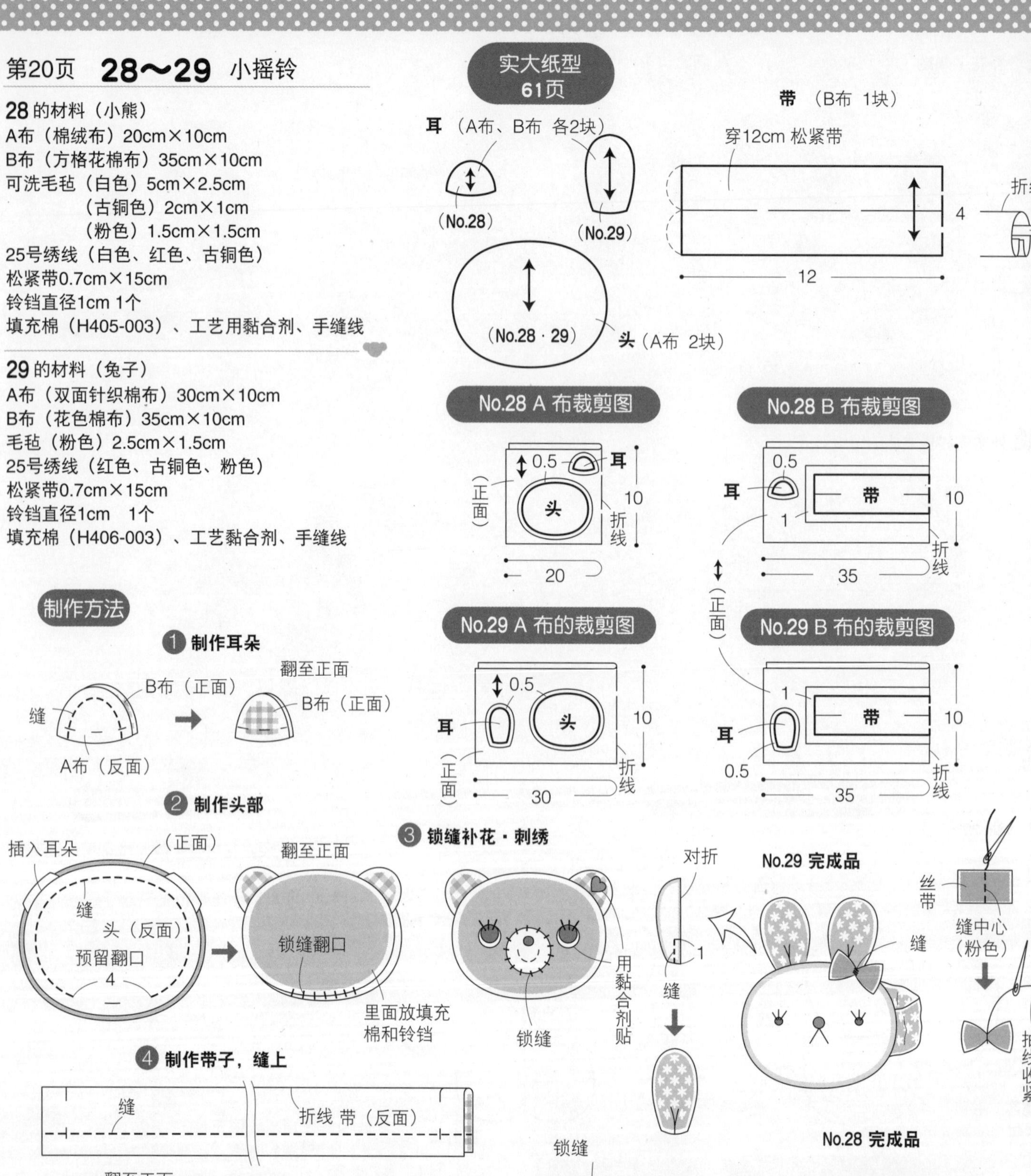

＊制图样纸不包含缝份尺寸。加上裁剪图的缝份尺寸进行裁布。

实大纸型·补花、刺绣图案

★刺绣使用指定的25号双股绣线。

*毛毡全部裁剪后使用。

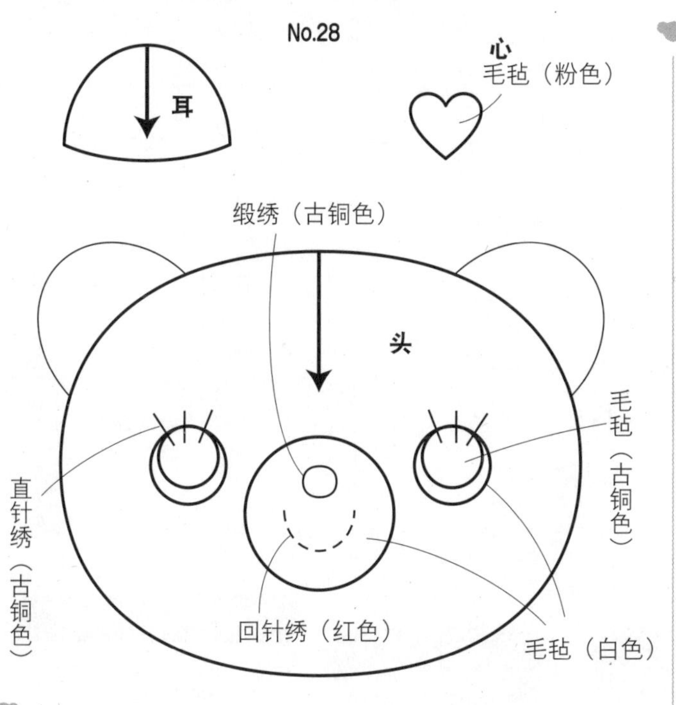

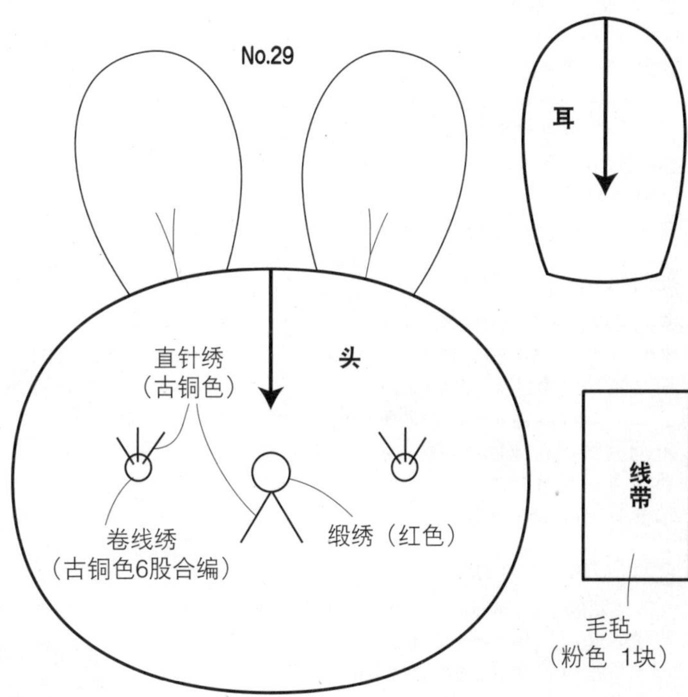

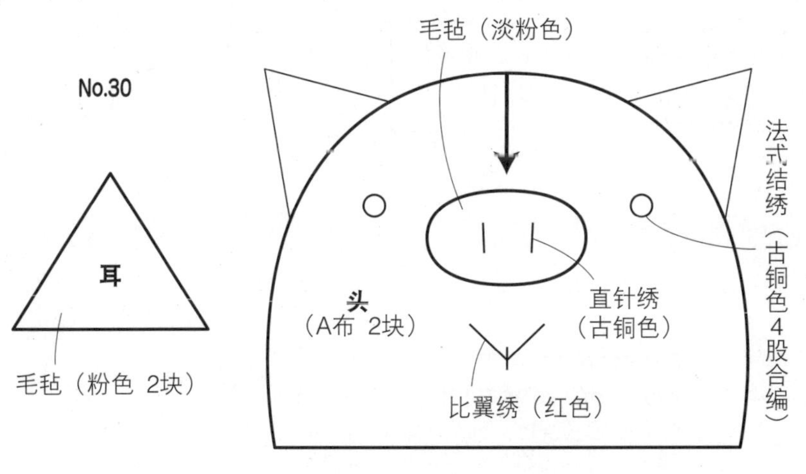

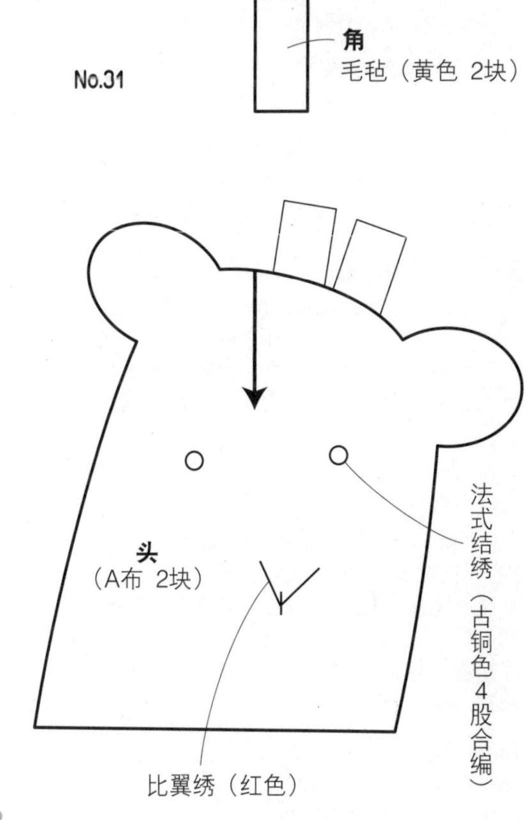

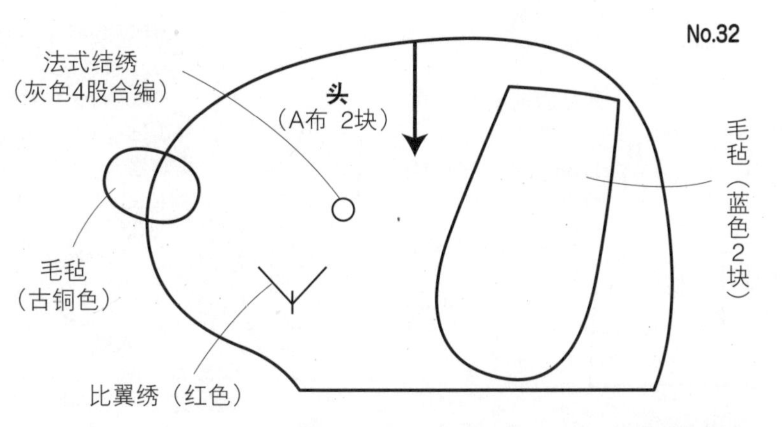

*图案的画法、补花方法、刺绣方法参照第50页。

第21页 30～32 摇铃棒

30 的材料（猪）
A布（筒状棉绒布）20cm×8cm
B布（针织棉布）10cm×10cm
可洗毛毡（粉色）5cm×3cm
（淡粉色）3cm×1.5cm
25号绣线（古铜色、红色）
铃铛直径1cm1 个
填充棉（H405-003）

31 的材料（长颈鹿）
A布（棉绒布）20cm×10cm
B布（水珠花棉布）10cm×10cm
可洗毛毡（黄色）2cm×2cm
（红色）0.8cm×9cm
25号绣线（古铜色、红色）
铃档直径1cm 1个
填充棉（H405-003）

32 的材料（小狗）
A布（筒形针织棉布）20cm×15cm
可洗毛毡（蓝色）8cm×5cm
（茶色）2cm×1.5cm
25号绣线（灰色、红色、古铜色、蓝色）
铃铛直径1cm 1个
填充棉（H405-003）

No.30 A 布的裁剪图

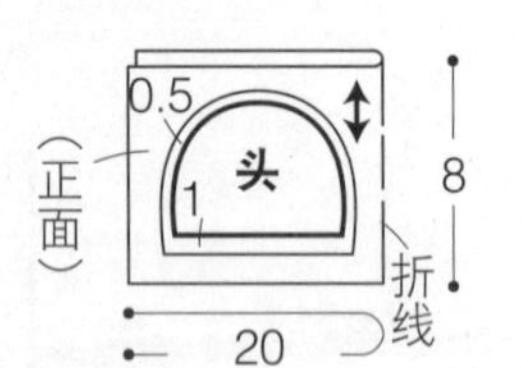

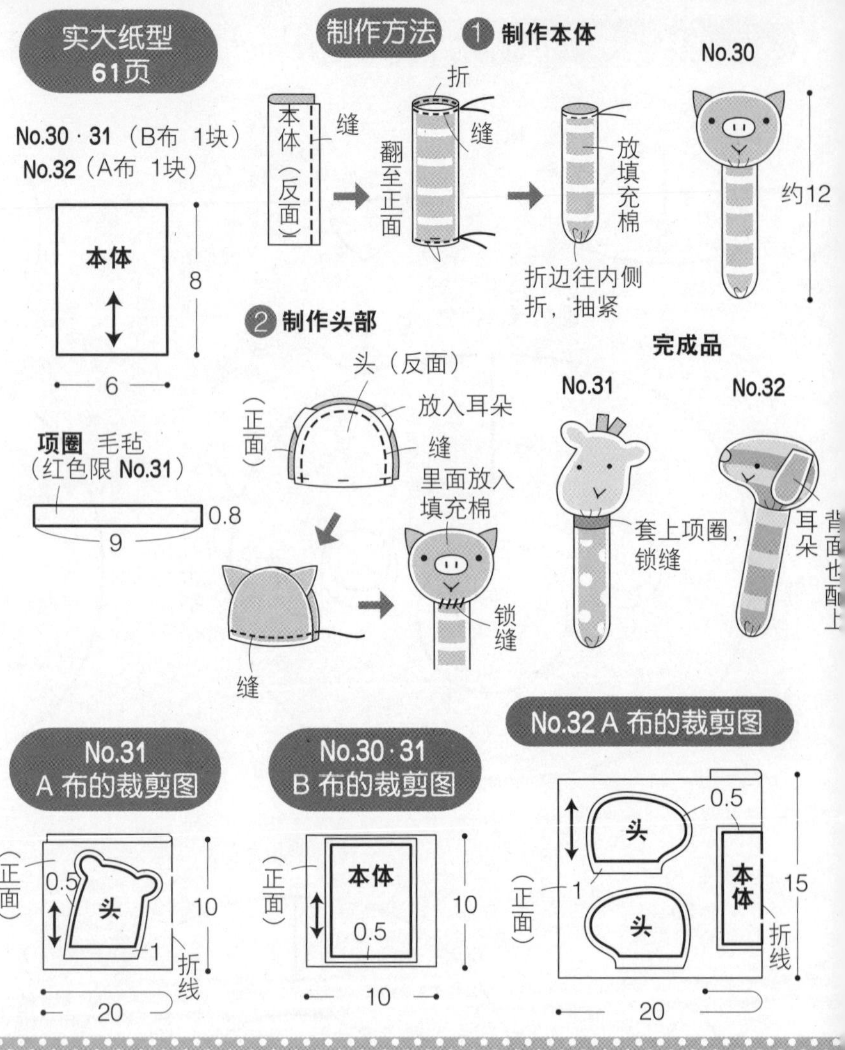

第22、23页 33～35 马夹/背心

33 的材料（熊猫）
A布（绒布）90cm×40cm
B布（水珠花棉布）90cm×40cm
可洗毛毡（橙黄色、茶色、米色、黑色）各5cm×5cm
25号绣线（橙黄色、米色、古铜色、黑色、红色）
按扣（小）1对

34 的材料（海豹）
A布（筒形针织棉布）90cm×40cm
B布（方格花棉布）90cm×40cm
可洗毛毡（白色、古铜色）各5cm×5cm
25号绣线（古铜色、黄色）
饰扣直径1.3cm 2个
按扣（小）1对

完成尺寸
身长70cm 胸围约63cm
身长80cm 胸围约66cm

35 的材料（猫头鹰）
A布（双面针织棉布）155cm×55cm
可洗毛毡（茶色）5cm×5cm
25号绣线（古铜色、淡茶色、米色）
饰扣直径0.9cm 2个，直径2.8cm 1个
按扣（小）1对

实大纸型 A面 33、34、35

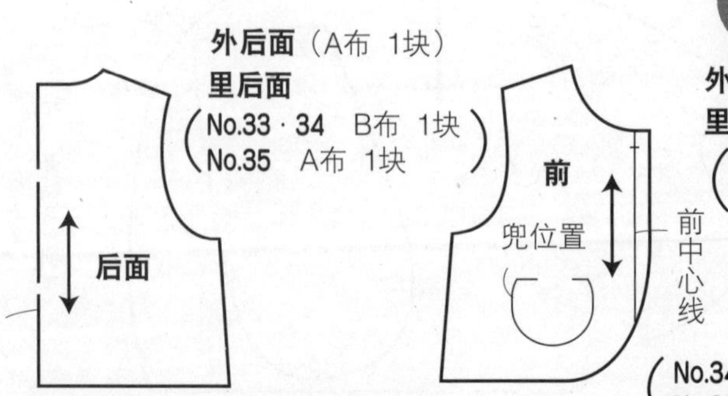

外前面（A面 2块）
里前面
（No.33 · 34 B布 2块
No.35 A布 2块）

衣兜
（No.34 A布 · B布 各1块
No.35 A布 2块）

*制图样纸上不包含缝份尺寸。加上裁剪图的缝份尺寸进行裁布。

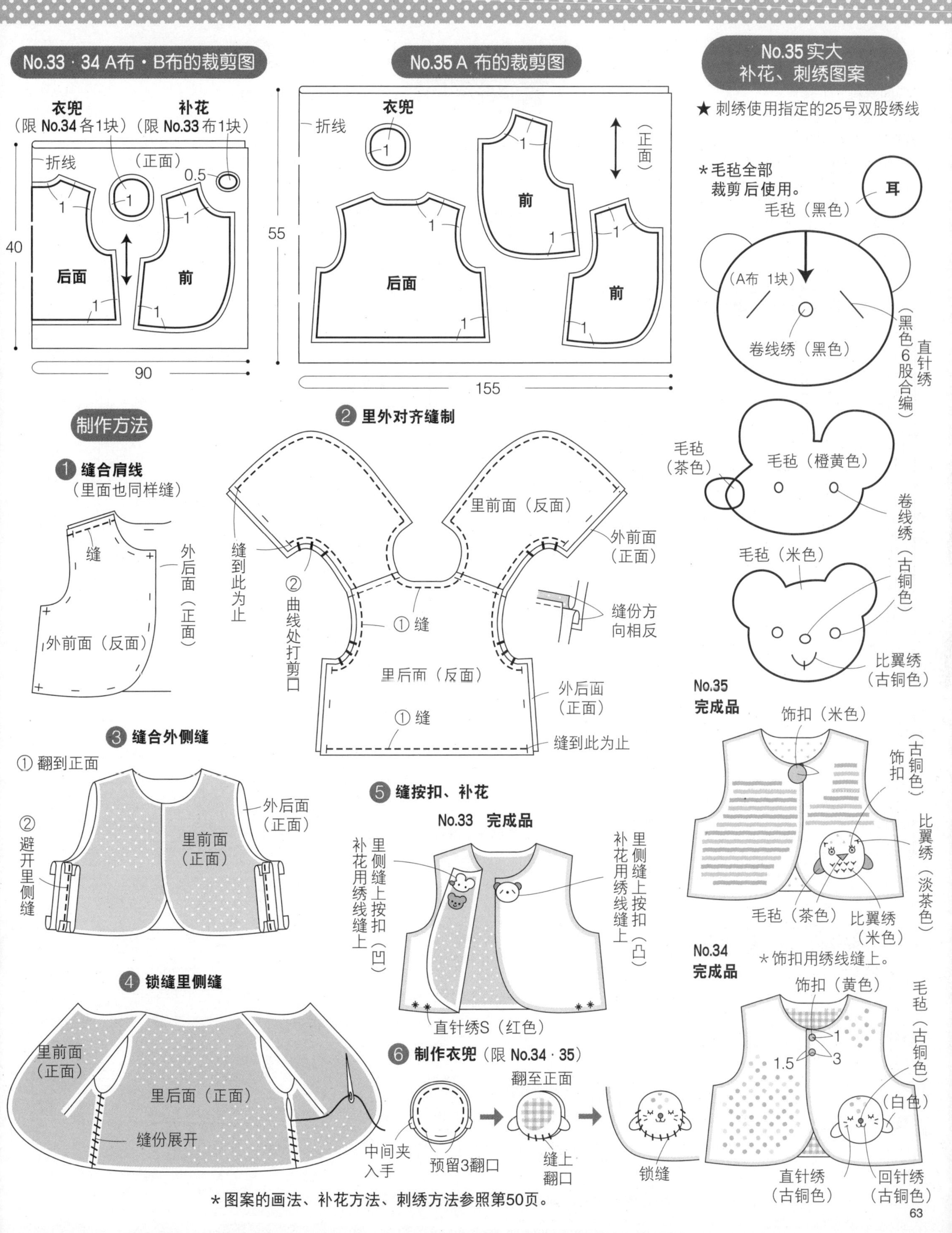

*图案的画法、补花方法、刺绣方法参照第50页。

第24页 36 睡垫

36 的材料（小熊）
A布（双面针织棉布）140cm×120cm
铺棉20cm×20cm
可洗毛毡（米色）10cm×10cm
（茶色、白色）各6cm×3cm
（红色、橙黄色）各5cm×5cm
25号绣线（米色、白色、红色、橙黄色）

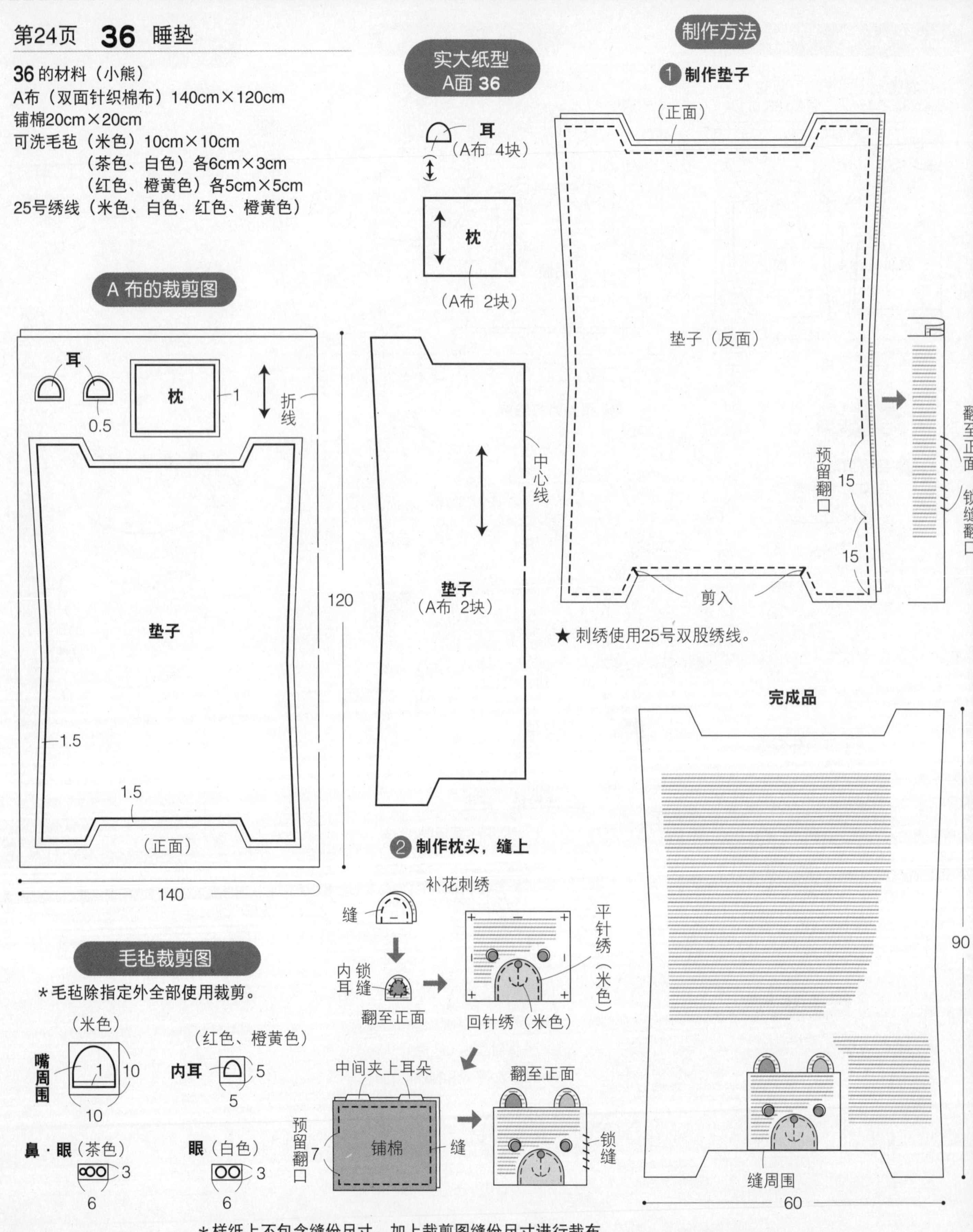

＊样纸上不包含缝份尺寸。加上裁剪图缝份尺寸进行裁布。

第25页 **37** 睡袋

37 的材料（小马）
A布（双面针织棉布）70cm×130cm
B布（水珠花棉布）70cm×130cm
C布（水珠花棉布）30cm×20cm
D布（花格棉布）30cm×10cm
铺棉20cm×20cm
可洗毛毡（黄绿色）6cm×3cm
（黄色）5cm×5cm
（古铜色）2cm×2cm
25号绣线（黄绿色、黄色、古铜色、红色）
小棉球直径1.4cm 1个
按扣直径1cm 8对

实大纸型 A面 37

外前（A布 1张）
里前（B布 1张）
外后（A布 1张）
里后（B布 1张）

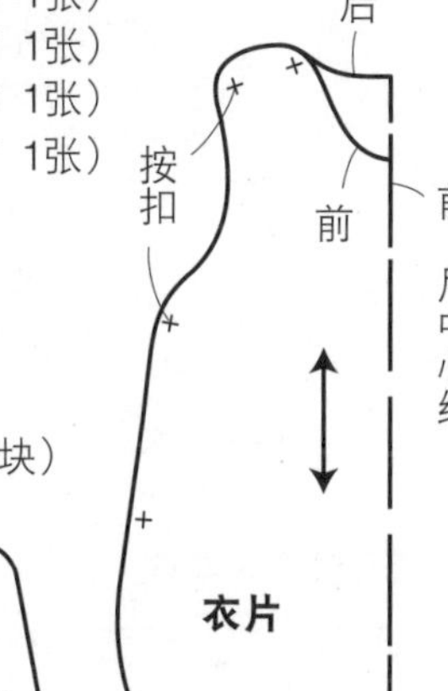

制作方法

❶ 制作补花

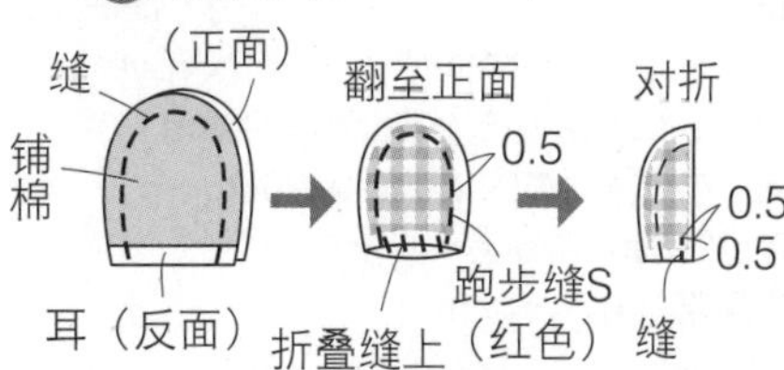

回针绣（红色）
锁缝
卷线绣（红色）
毛毡（黄色）
平针绣（红色）
毛毡（古铜色）
回针绣（黄色4股合编）
前中心线
直针绣S（古铜色）
（红色）回针绣

A布・B布的裁剪图

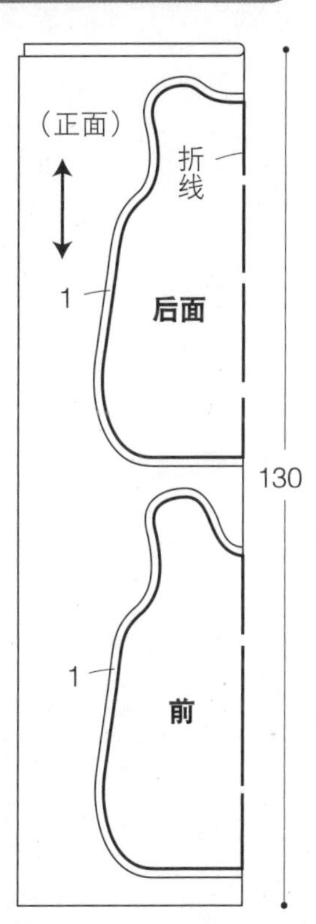

❷ 里外对齐、缝上周围

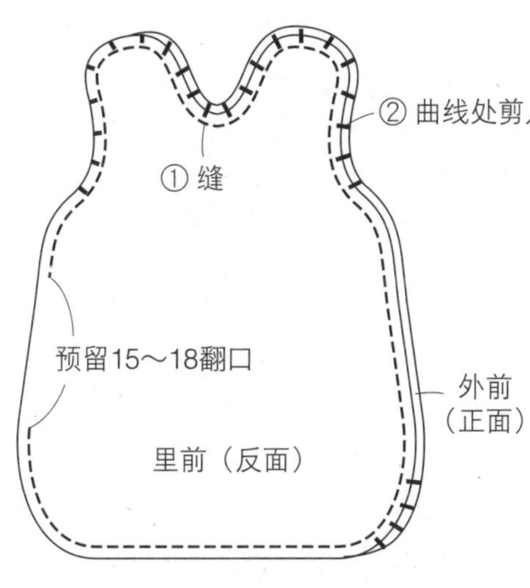

❸ 缝补花和按扣

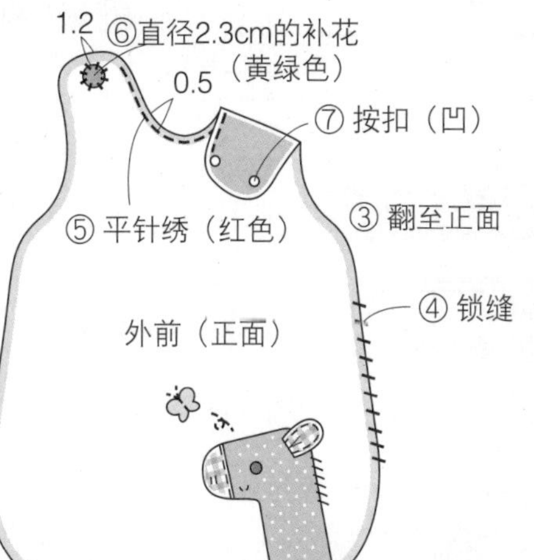

★刺绣使用指定的25号双股缝线。

❹ 制作外、里后面（参照上图）
❺ 缝小棉球

C 布的裁剪图

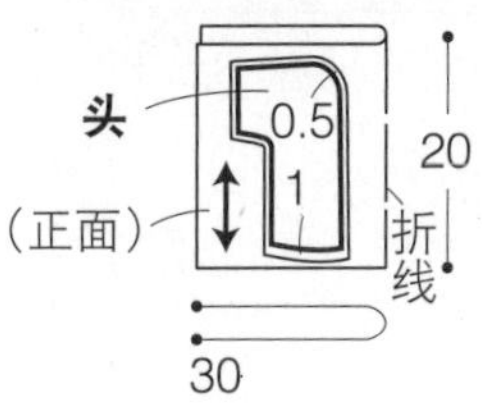

D 布的裁剪图

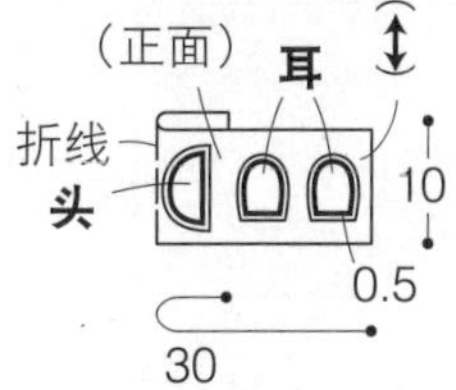

铺棉的裁剪图

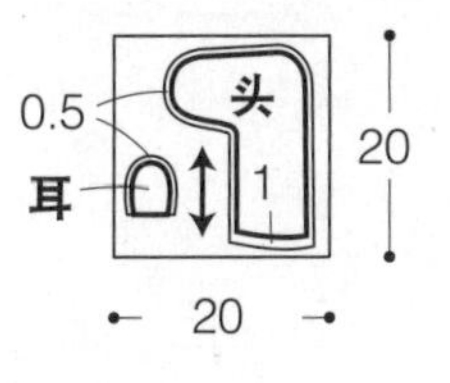

完成品

身长50～70cm

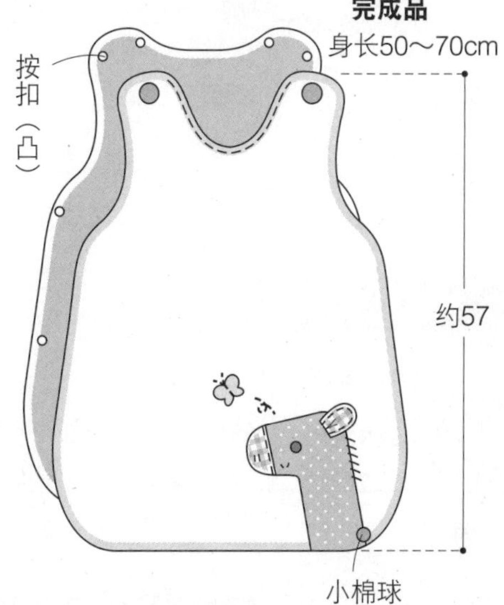

＊图案的画法、补花、刺绣方法参照第50页。

第25页 38 腹带

38的材料

A布（双面针织棉布）110cm×45cm
B布（水珠花棉布）25cm×20cm
C布（花格棉布）20cm×20cm
铺棉35cm×20cm
松紧带1cm×50cm
可洗毛毡（古铜色）2cm×2cm
25号绣线（红色、古铜色）
粘扣2.5cm×10cm

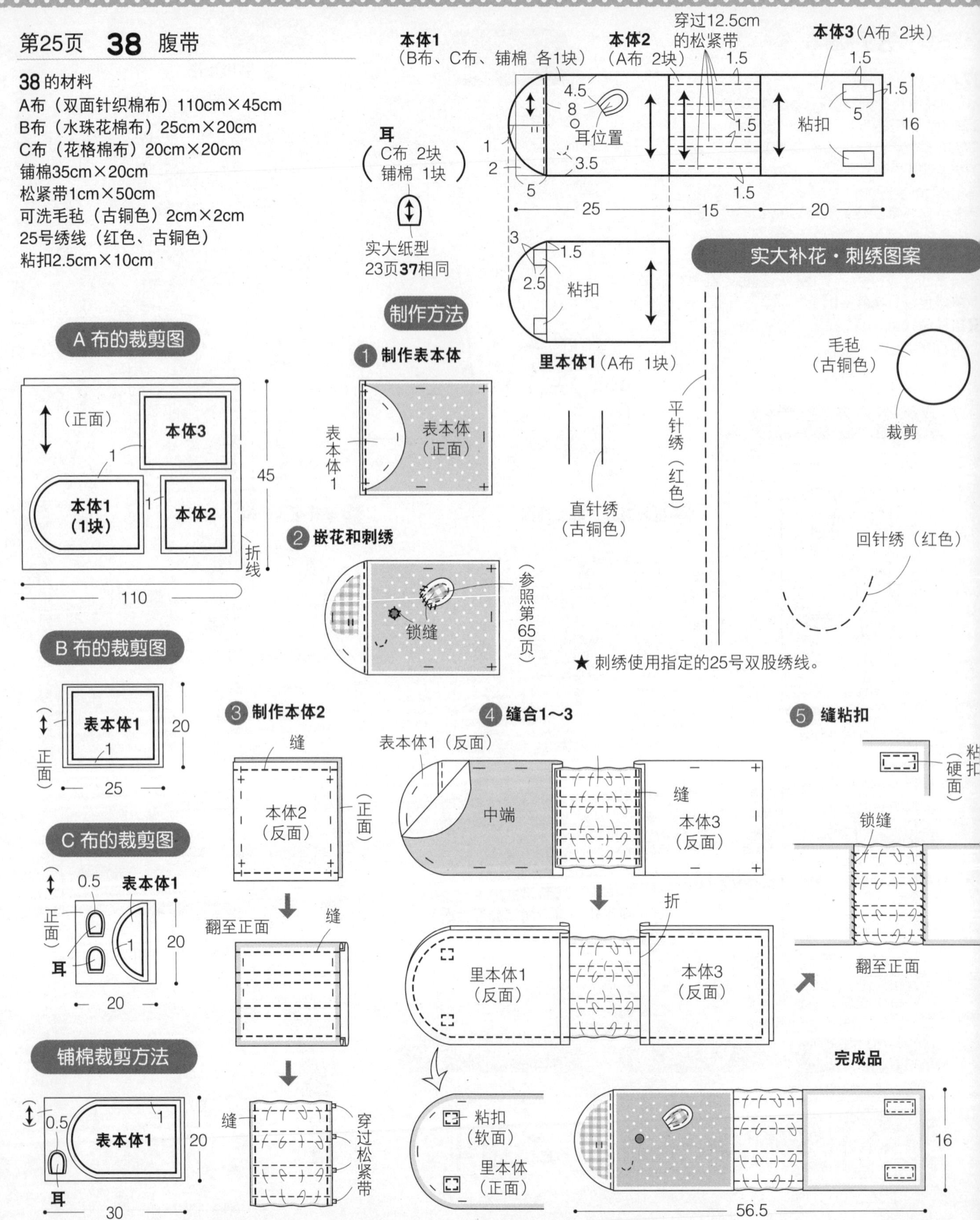

*制图样纸上不包含缝份尺寸。加上裁剪图的缝份尺寸进行裁布。

第30页 41～43 外出3件组合

41 · 43 的材料（帽和短裤）
A布（针织筒形棉布）90cm×70cm
斜裁布条（两折）1.27cm×80cm
松紧带0.7cm×180cm
小棉球直径3cm 1个

42 的材料（小熊、围嘴）
B布（棉绒布）60cm×40cm
C布（棉绒布）10cm×10cm
可洗毛毡（古铜色、白色）各5cm×2cm
（蓝色）2cm×2cm
25号绣线（米色、古铜色、蓝色）
粘扣2.5cm×2.5cm

实大纸型 B面 41、42、43

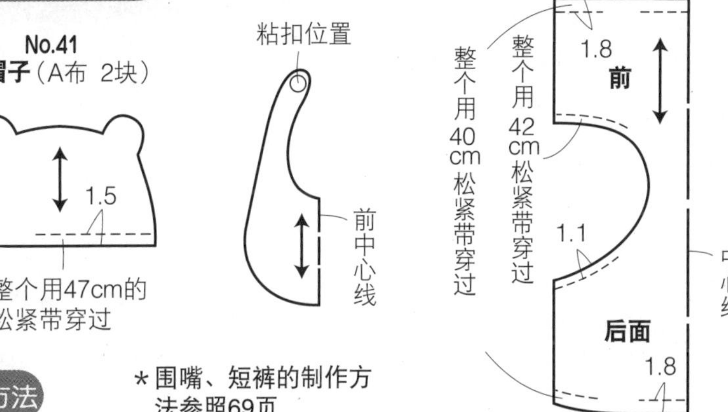

帽子的制作方法

＊围嘴、短裤的制作方法参照69页

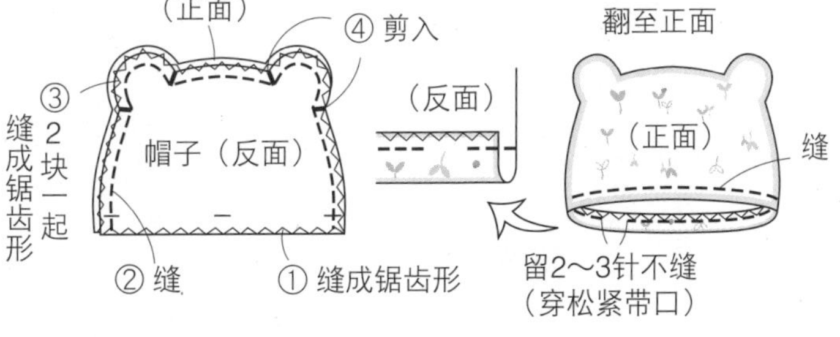

3 穿过松紧带
松紧带两头重叠1cm缝成圈形

（反面）

缝

松紧带

＊松紧带长度根据宝宝头围调节。

No.42 完成品

缝

2.5

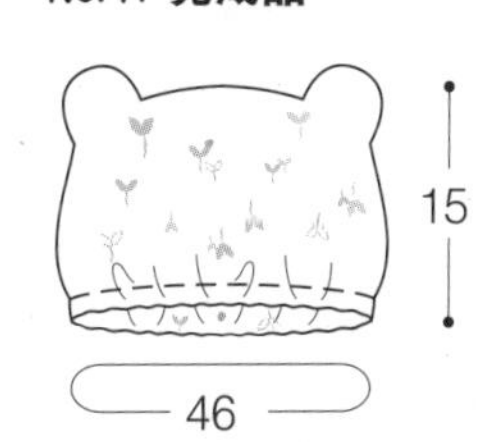

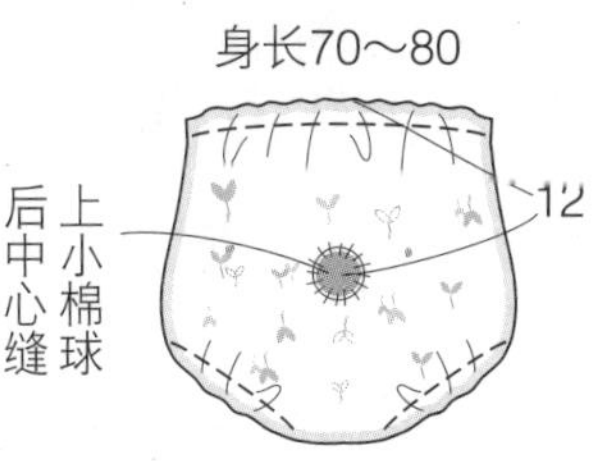

No.41 · 43 A 布的裁剪图

（正面）
折线
1.5
3
折线
1
帽子
2
0.5
70
1.5
前・后面
3
90

No.42 B 布的裁剪图

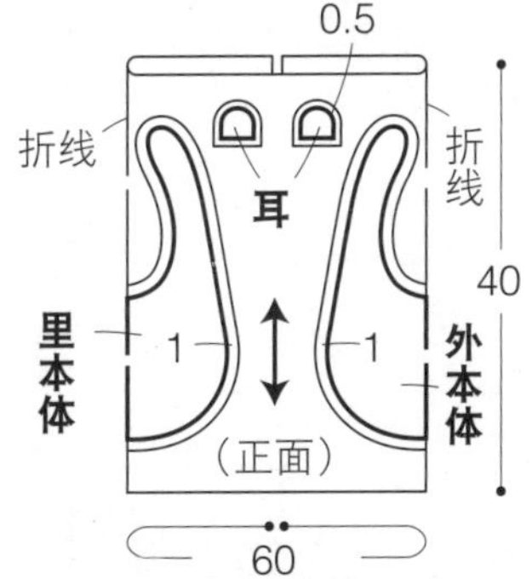

No.42 C 布的裁剪图

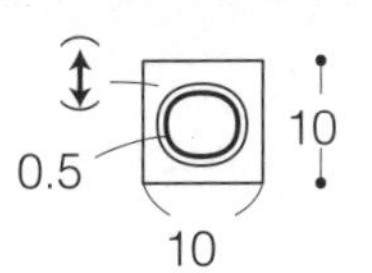

实大补花・刺绣图案

★ 刺绣使用25号双股绣线。

＊毛毡全部剪裁后使用。

耳（B布 2块）

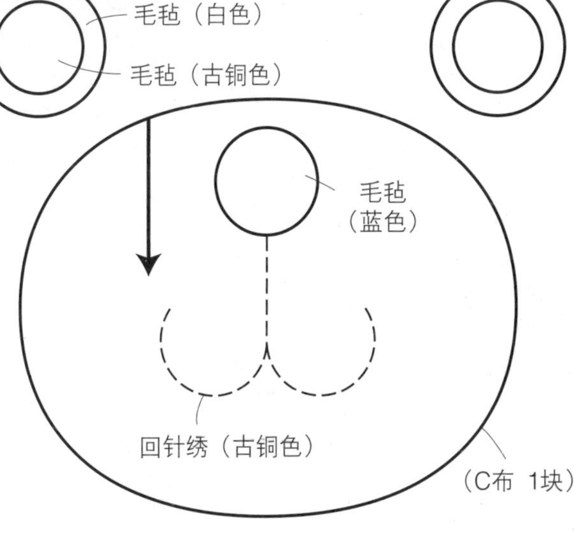

＊图案的画法、补花方法、刺绣方法参照第50页。

第31页 44～46 外出3件组合

44 · 46 的材料（帽子·短裤）
A布（棉布）90cm×70cm
斜裁布条（2折）1.27cm×80cm
松紧带0.7cm×180cm

45 的材料（小鸡围嘴）
B布（棉绒布　含鸡冠、尾巴）60cm×40cm
C布（花格棉布）8cm×5cm
毛毡（古铜色）4cm×2cm
25号绣线（古铜色、黄色）
粘扣2.5cm×2.5cm

实大纸型 B面 44、45、46

No.44
帽子（A布 2块）

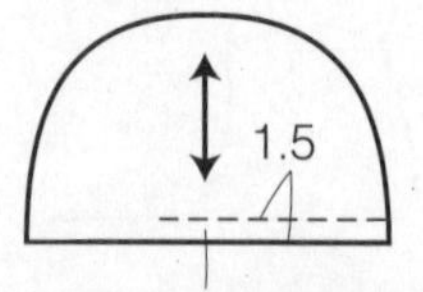

整个用47的松紧带穿过

No.45
外本体
（B布 2块）
粘扣位置

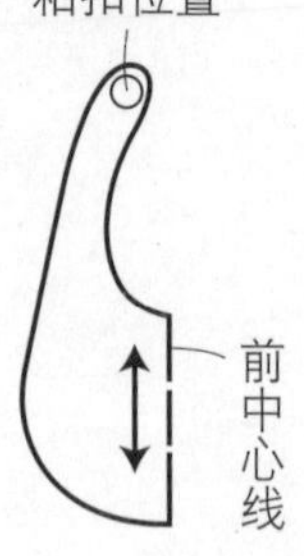

No.46
前 · 后
（A布 1块）
整个用40cm松紧带穿过
整个用42cm松紧带穿过
1.8
前
1
中心线
1.8

No.44 · 46 A 布的裁剪图

（正面）
折线
3
1.5
折线
1
帽子
2
0.5
70
前 · 后面
1.5
3
90

No.45 B 布的裁剪图

尾巴
0.5
折线
折线
（正面）
40
里本体
1
鸡冠
1
外本体
0.5
1
60

No.45 C 布的裁剪图

0.5
5
8

帽子制作方法

1 制作鸡冠

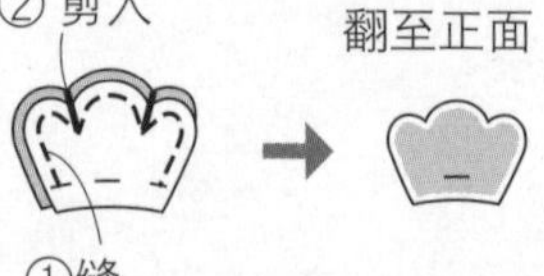

2 2块对齐，缝周围

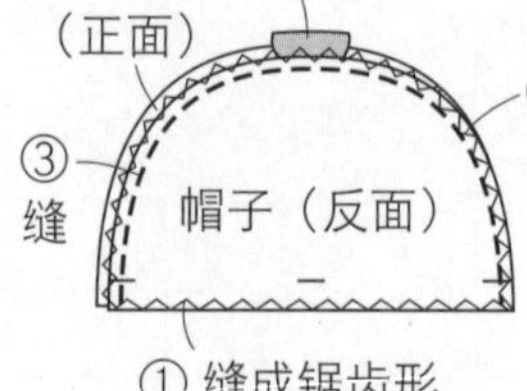

15
46

3 缝头口

翻至正面
（正面）
缝
留2～3针不缝
（穿松紧带口）
（反面）

4 穿过松紧带

松紧带重叠1cm，
缝成圈形
（反面）
松紧带

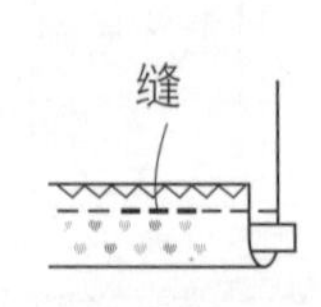

＊根据宝宝的头围调节松紧带长度。

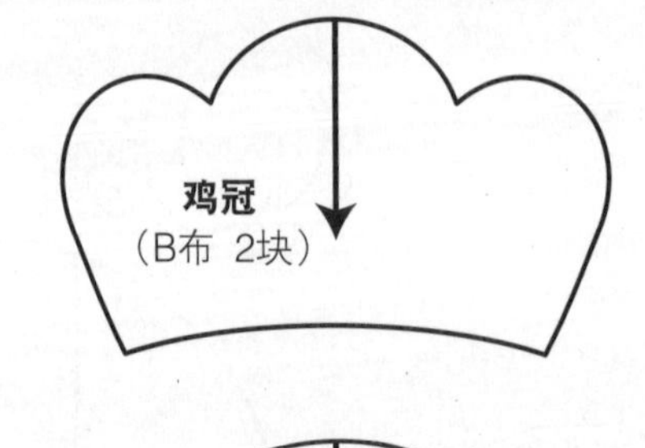

尾巴（B布 2块）

实大补花、刺绣图案

★ 刺绣使用指定的25号双股绣线。

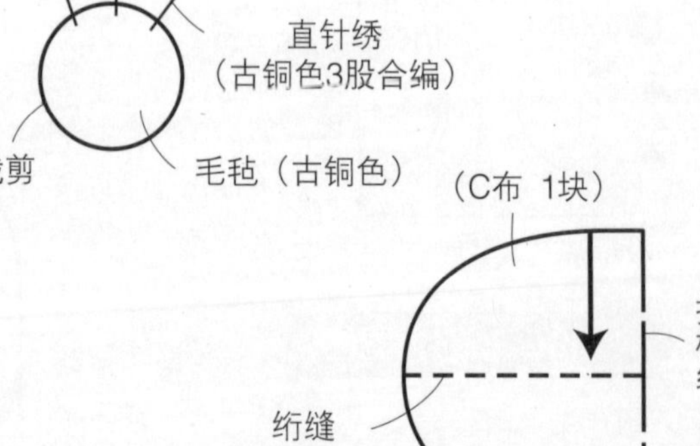

＊样纸上不包含缝份尺寸。加上裁剪图的缝份尺寸进行裁布。

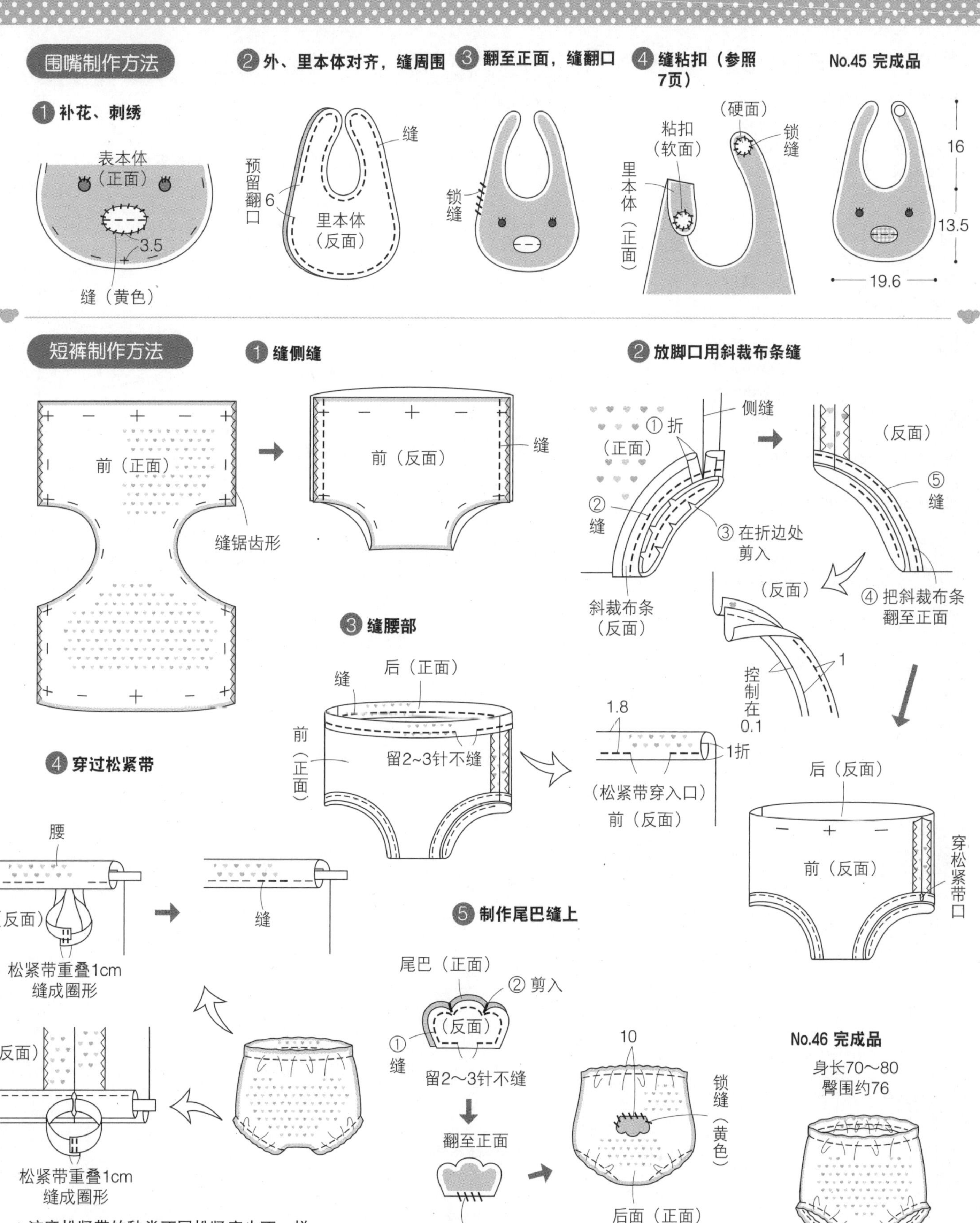

*注意松紧带的种类不同松紧度也不一样。

*图案的画法、补花方法、刺绣方法参照第50页。

第36、37页 51～54 围嘴和短裤

51 的材料（大象围嘴）
A布（水珠花纹棉布）100cm×25cm
可洗毛毡（灰色）6cm×5cm
25号绣线（古铜色、灰色）
粘扣2.5cm×2.5cm

52 的材料（短裤）
B布（印花棉布）50cm×70cm
斜裁布条（两折）1.27cm×80cm
松紧带0.7cm×130cm

53 · 54 的材料（松鼠围嘴、短裤）
A布（水珠花双层棉布）90cm×70cm
斜裁布条（两折）1.27cm×80cm
包边条1.2cm×60cm
松紧带0.7cm×130cm
可洗毛毡（米色）5cm×5cm
25号绣线（古铜色、红色、米色）
粘扣2.5cm×2.5cm

No.51 A 布的裁剪图

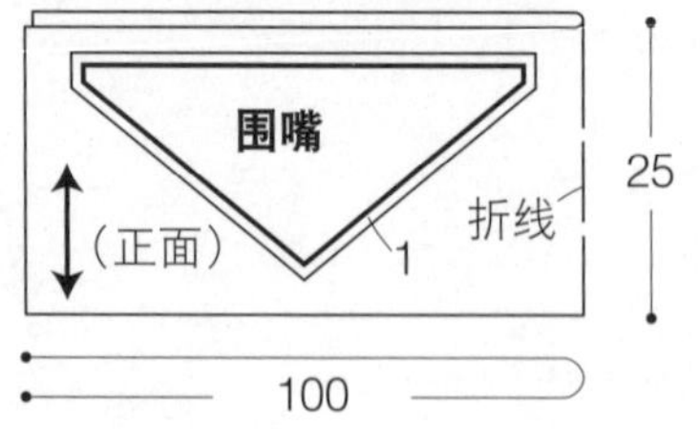

No.52 B 布的裁剪图　　No.53 · 54 A 布的裁剪图

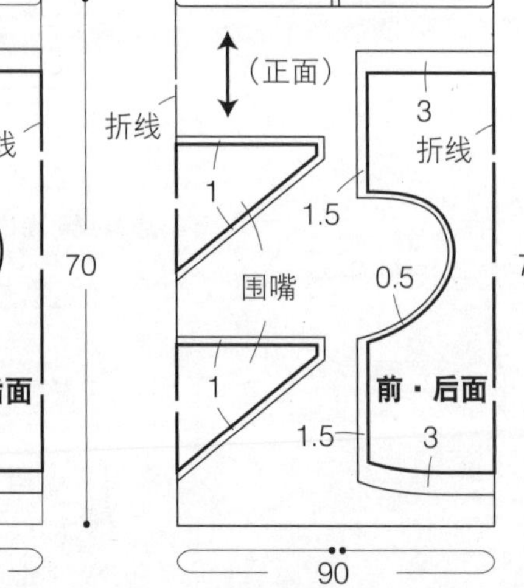

实大纸型 B面51、52、53、54

围嘴
（A布 2块）

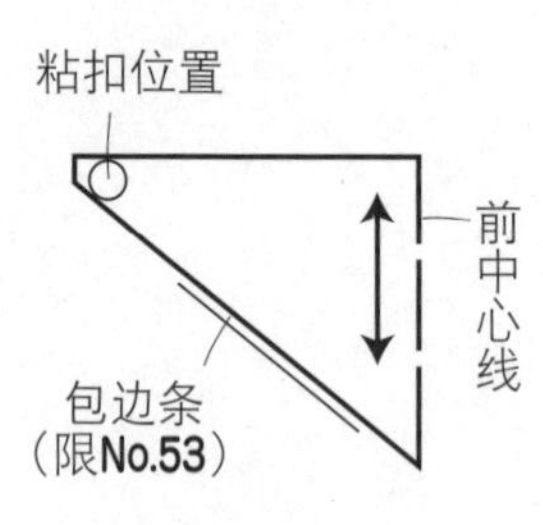

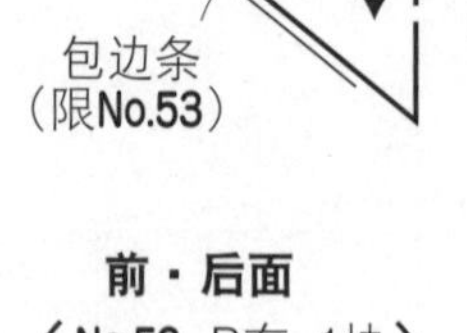

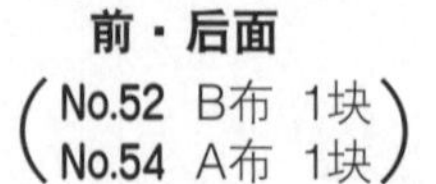

前 · 后面
（No.52 B布 1块
No.54 A布 1块）

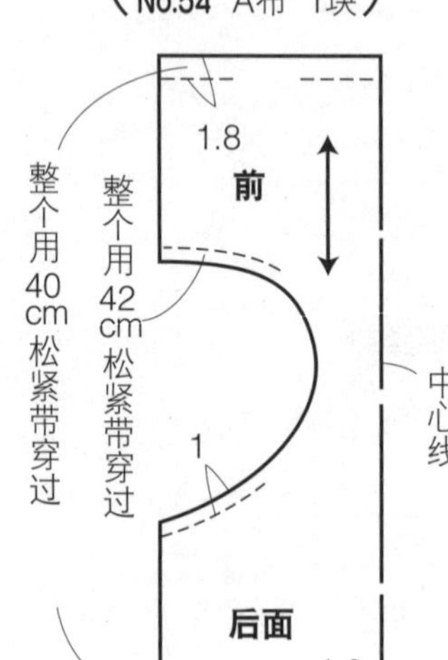

实大补花、刺绣图案

★ 刺绣使用指定的25号双股绣线。

＊毛毡全部裁剪后使用。

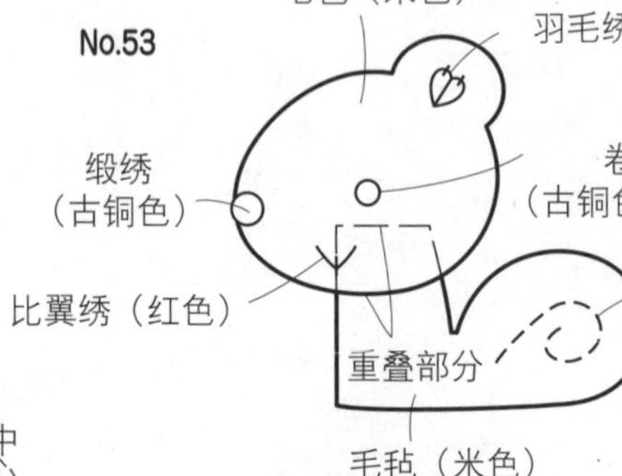

No.53
毛毡（米色）
羽毛绣（红色）
缎绣
（古铜色）
卷线绣
（古铜色4股合编）
比翼绣（红色）
回针绣
（古铜色）
重叠部分
毛毡（米色）

制作方法

❶ 2块合一起，缝周围

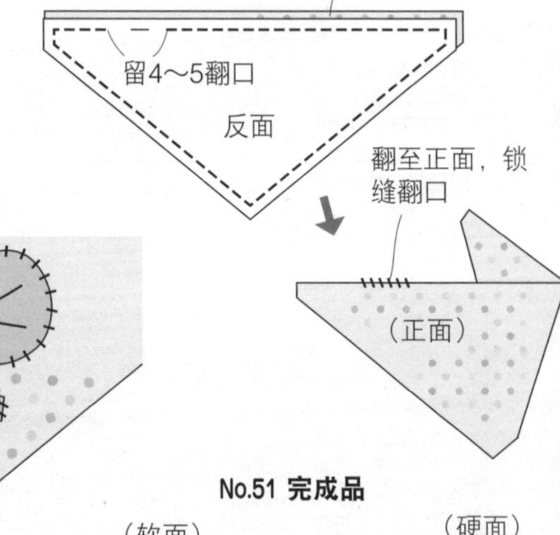

❷ 补花、刺绣

锁缝（灰色）
3

❸ 缝粘扣

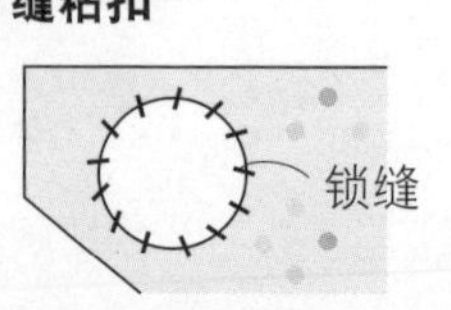

No.51 完成品

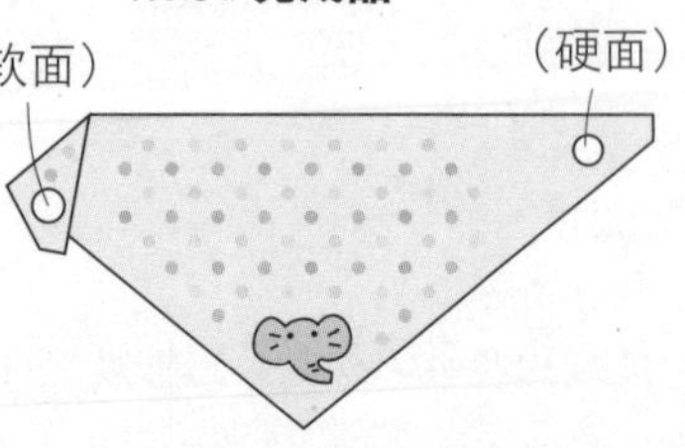

＊样纸上不包含缝份尺寸。加上裁剪图的缝份尺寸进行裁布。

No.53 补花位置

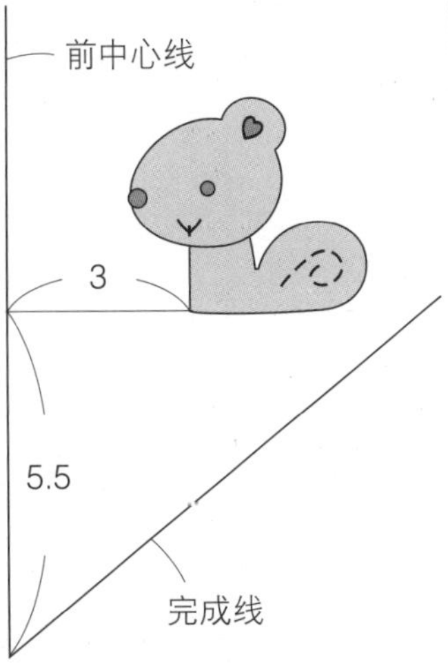

前中心线
3
5.5
完成线

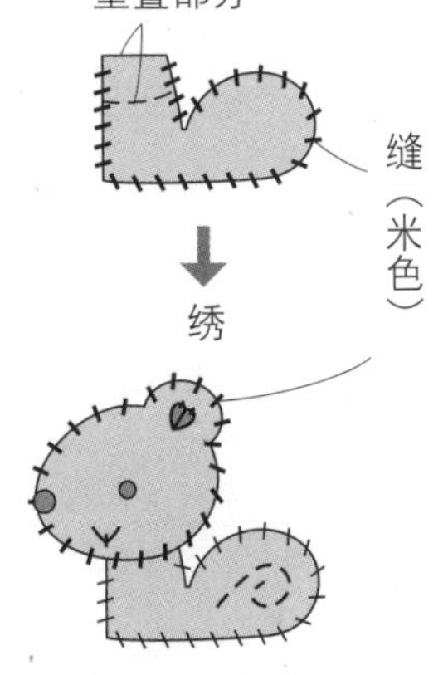

重叠部分
缝（米色）
绣

No.53 完成品

17
出0.7

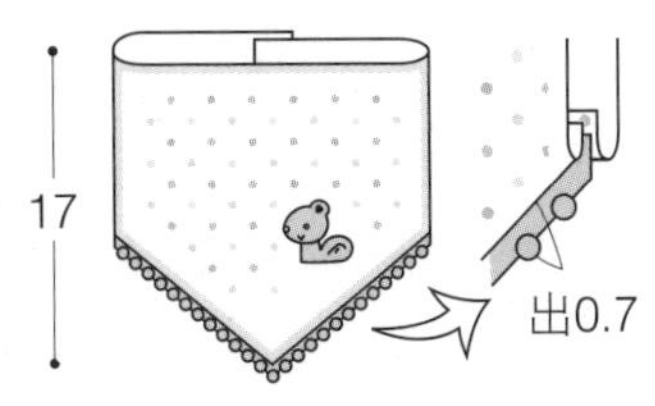

No.52 · 54 完成品

＊短裤制作方法参照69页。

身长70~80
臀围约76

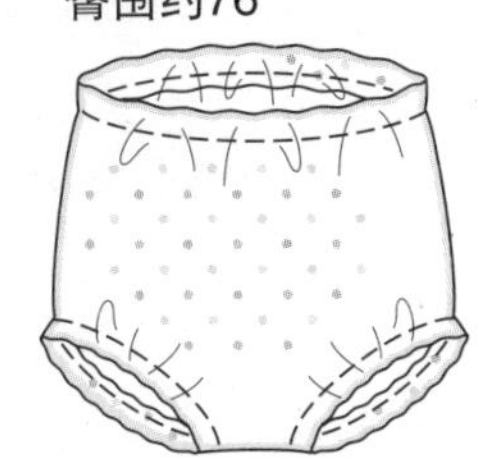

No.59 实大纸型 · 补花 · 刺绣图案

★ 刺绣使用指定外25号双股绣线。

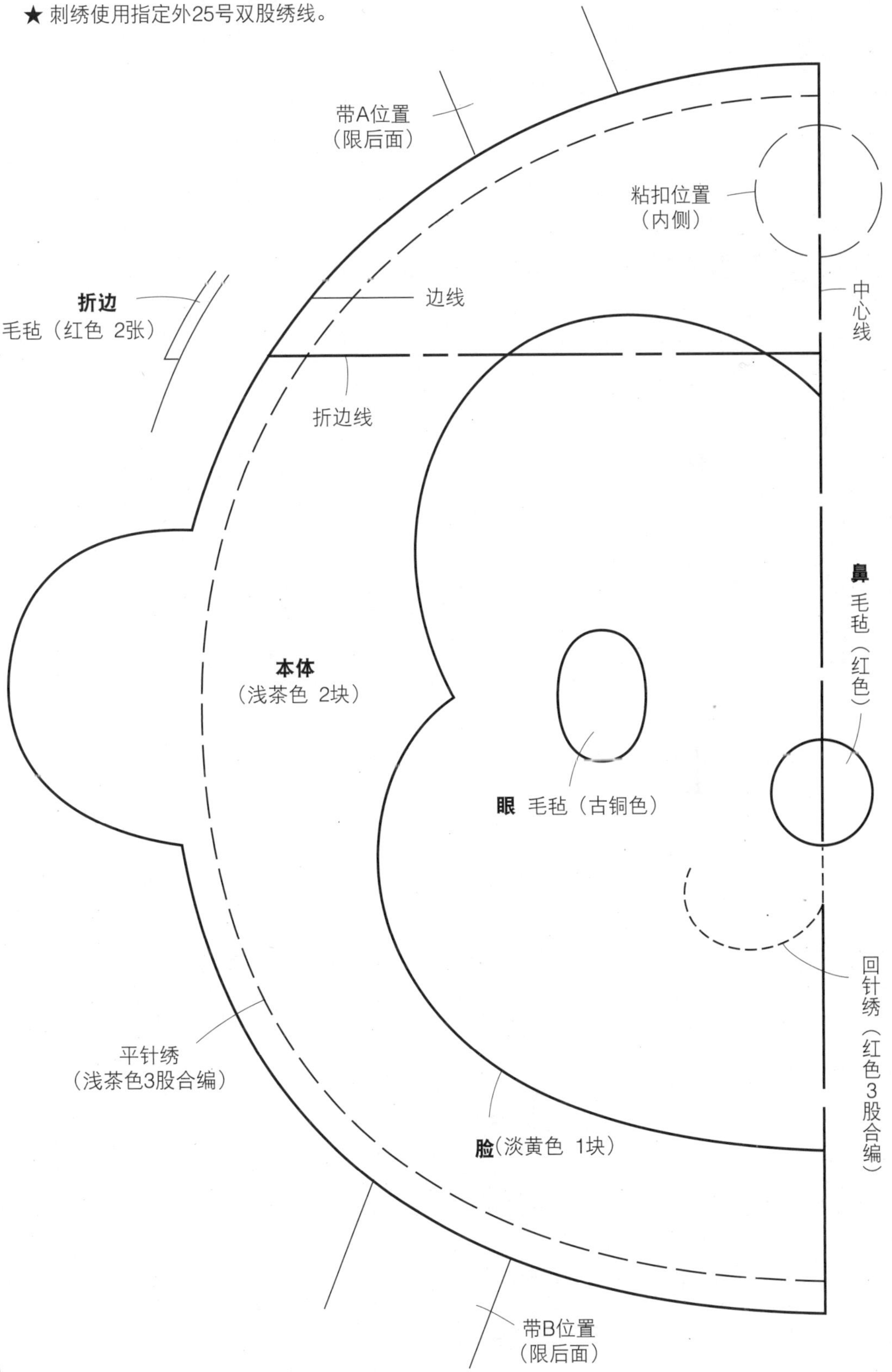

带A位置
（限后面）
粘扣位置
（内侧）
折边
毛毡（红色 2张）
边线
中心线
折边线
鼻
毛毡（红色）
本体
（浅茶色 2块）
眼 毛毡（古铜色）
回针绣（红色3股合编）
平针绣
（浅茶色3股合编）
脸（淡黄色 1块）
带B位置
（限后面）

＊图案的画法、补花方法、刺绣方法参照第50页。

第39页 59 小背包

59 的材料（猴子）
毛毡
　厚度2mm（淡茶色）40cm×50cm
可洗毛毡
　厚度1mm（淡黄色、红色）各20cm×20cm
　　（古铜色）5cm×3cm
棉带2.5m×110cm
调节扣内径2.5cm　2个
25号绣线（红色、古铜色、黄色、淡黄色）
粘扣2.5cm×2.5cm

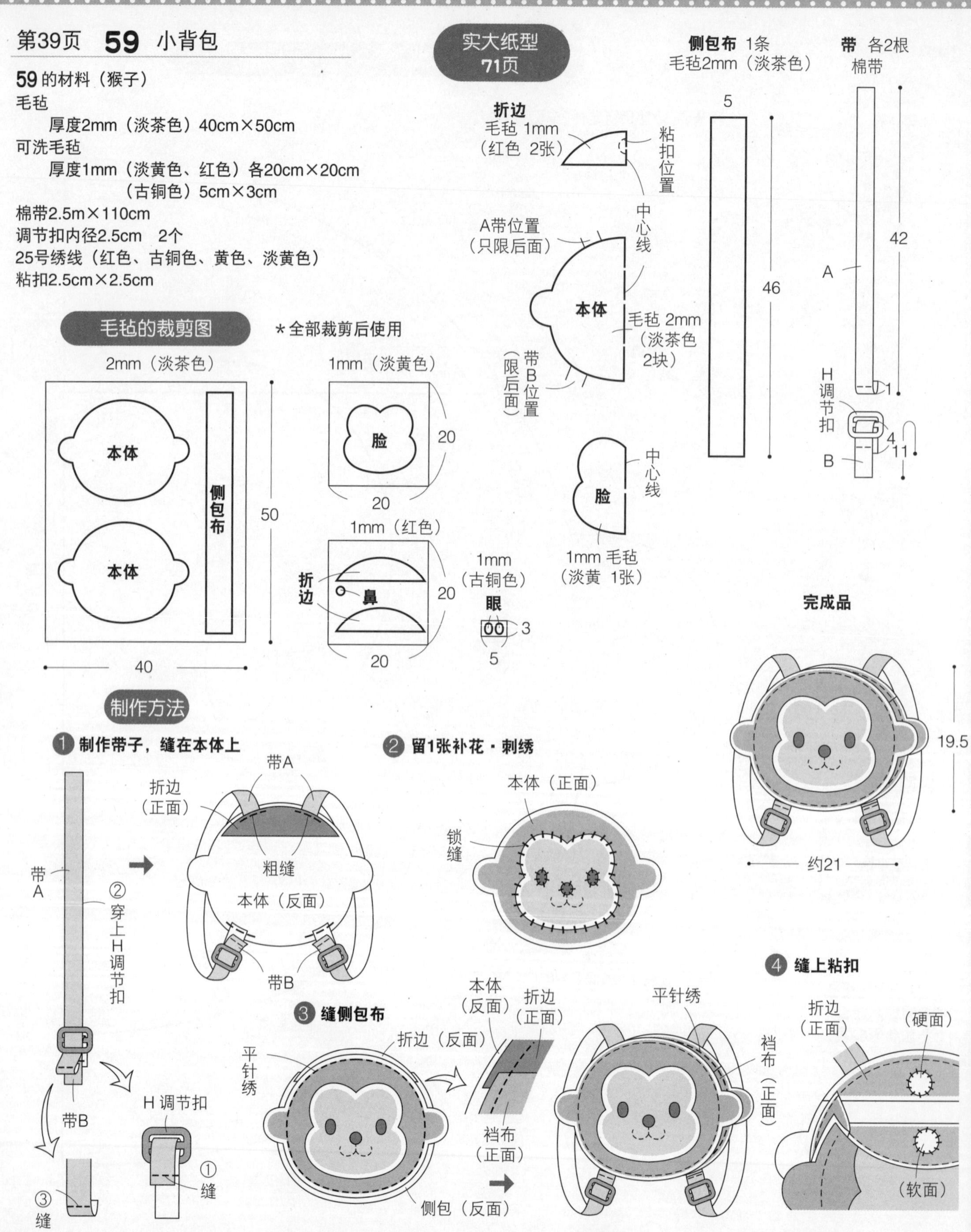

第38页 60 小背包

60 的材料（兔子）
毛毡
厚度2mm（灰色）40cm×50cm
可洗毛毡
厚度1mm（粉色）20cm×20cm
（白色）7cm×4cm
（古铜色）5cm×3cm
（红色）3cm×3cm
棉带2.5cm×110cm
H调节扣内径2.5cm 2个
25号绣线（红色、白色、古铜色、灰色）
粘扣2.5cm×2.5cm

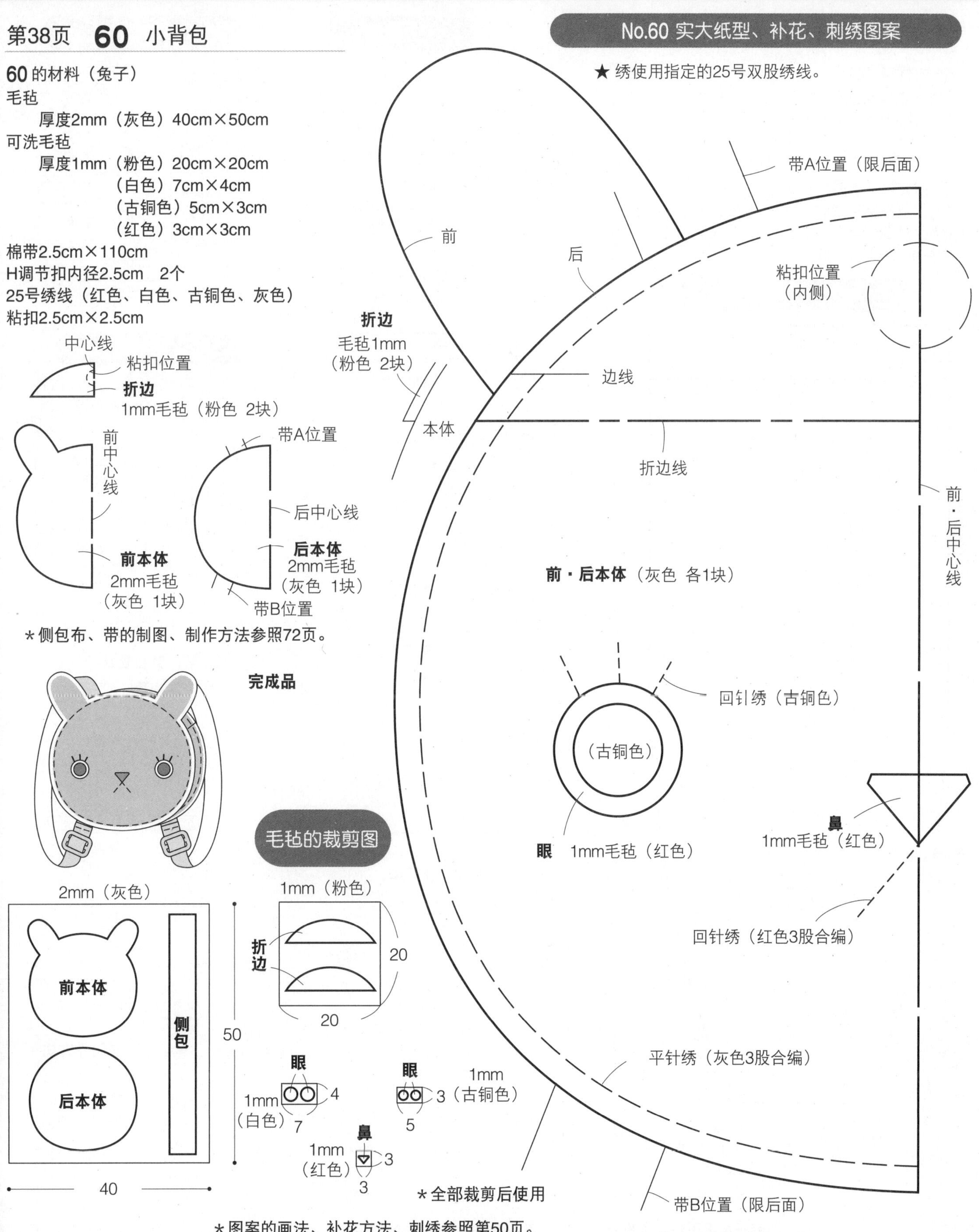

*侧包布、带的制图、制作方法参照72页。

*全部裁剪后使用

*图案的画法、补花方法、刺绣参照第50页。

第42页 **61・62** 头饰

61 的材料（猫）
A布（水珠花棉布+边饰）50cm×30cm
松紧带1.5cm×1.5cm

62 的材料（小熊）
A布（针织筒形棉布）50cm×30cm
松紧带1.5cm×15cm
填充棉（H405-003）

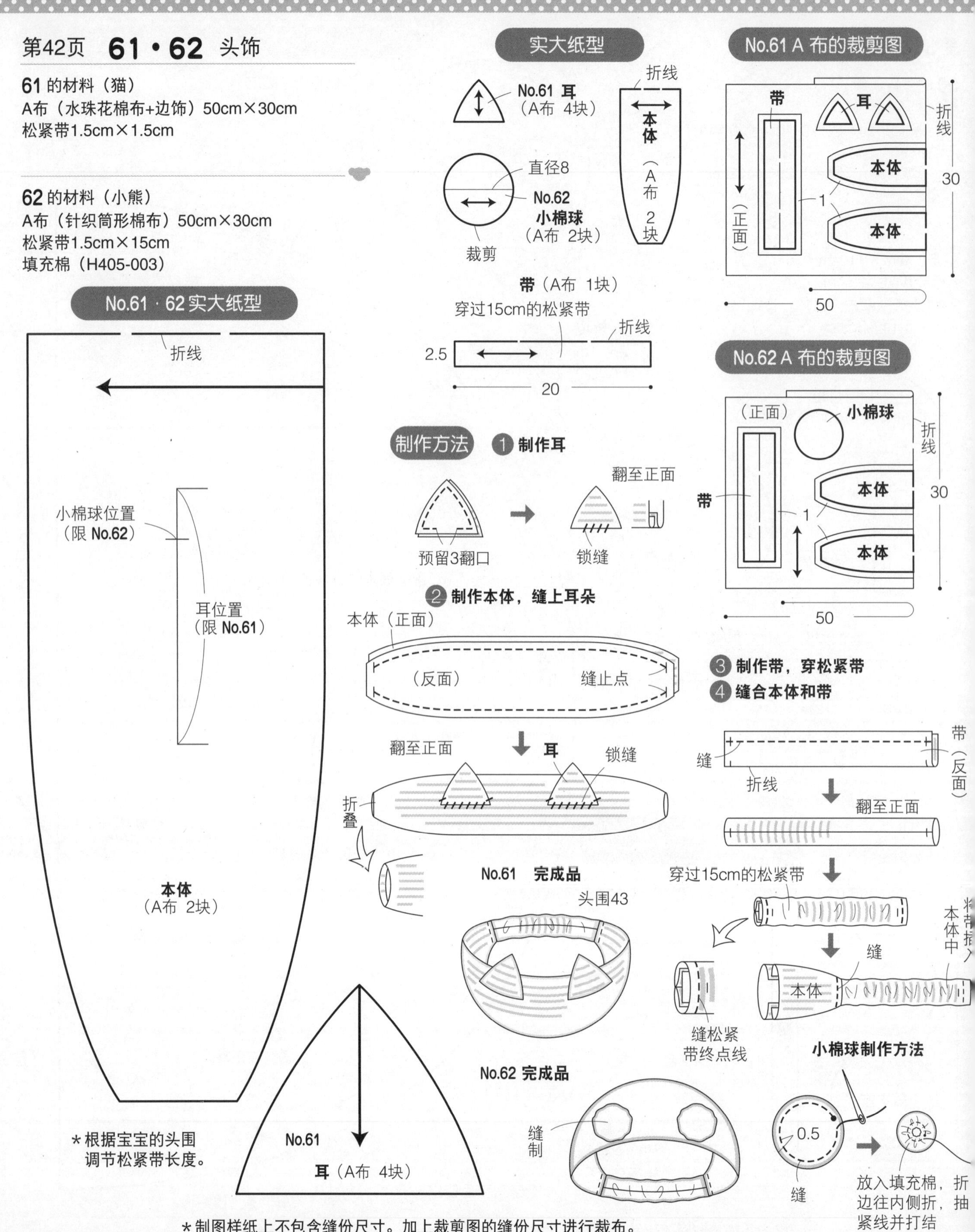

*制图样纸上不包含缝份尺寸。加上裁剪图的缝份尺寸进行裁布。

第46页 66 小熊小袋

66的材料（猫）
A布（方格棉布）55cm×20m
B布（水珠花棉布）55cm×20cm
C布（花色棉布）15cm×10cm
带胶铺棉55cm×15cm
可洗毛毡（白色）6cm×5cm
（蓝色）2cm×2cm
25号绣线（红色、白色、蓝色）
边带1.2cm×25cm
拉链20cm 1根
纽扣直径1.5cm 2个

外本体（A布 带胶铺棉 各2块）
里本体（B布 2块）

实大补花・刺绣图案

★刺绣使用指定的25号双股绣线。

补花位置（限前面）

嘴周围 毛毡（白色）

A布・B布的裁剪图

C布裁剪图

裁剪图

毛毡裁剪图

*毛毡全部裁剪后使用。

制作方法

1 缝上边带

2 制作耳朵

3 缝上拉链

4 缝外本体

5 制作里本体

6 补花・刺绣

完成品

*图案的画法、补花方法、刺绣方法参照第50页。

第46页 **67** 小熊布偶

67 的材料
A布（格子纹棉布）30cm×20cm
B布（花色涤纶布）15cm×50cm
松紧带0.7cm×15cm
圆带0.3cm×35cm
25号绣线（古铜色、红色）
气哨（H430-611）1个
填充棉（H405-003）

实大小纸型
B 面67页

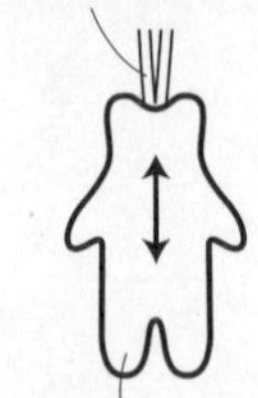

圆带位置

小熊本体（B布 2块）

实大刺绣图案

★ 刺绣使用指定的25号双股绣线。

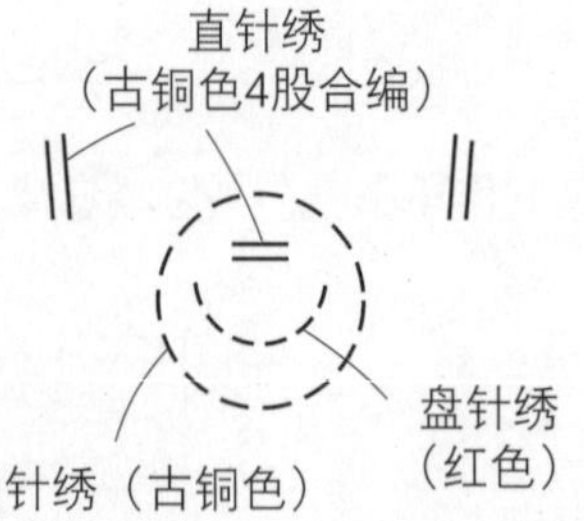

直针绣
（古铜色4股合编）
回针绣（古铜色）
盘针绣
（红色）

制作方法

❶ 制作小熊本体

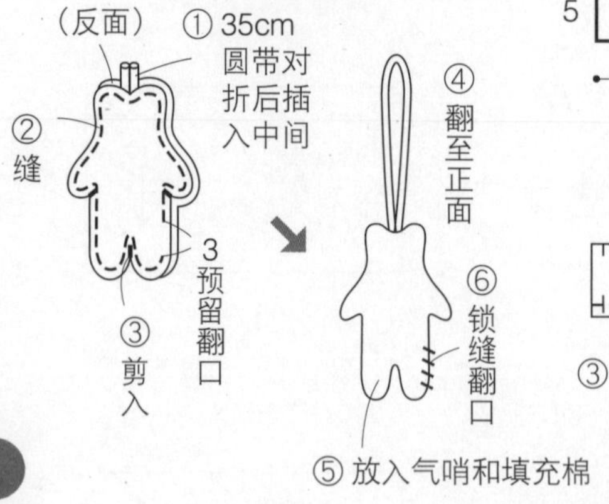

（反面）
① 35cm
圆带对
折后插
入中间
② 缝
3
预留
翻口
③ 剪入
④ 翻至正面
⑥ 锁缝翻口
⑤ 放入气哨和填充棉

A布的裁剪图

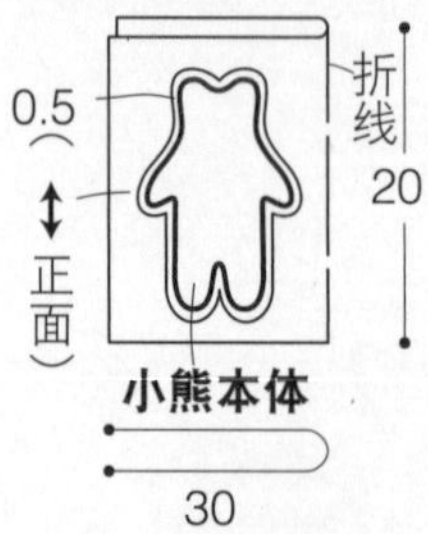

0.5
折线
20
（正面）
小熊本体
30

B布的裁剪图

1
裙子
50
（正面）
15

裙子（B布 1块）

穿过13cm松紧带
折线
5
42

❷ 刺绣
❸ 制作裙子

① 折
（反面）
③ 翻至正面
② 缝
⑤穿过松紧带，
缝成圈形
④ 折
重叠缝合
⑥ 锁缝
完成品
16
2
约
15
裙子

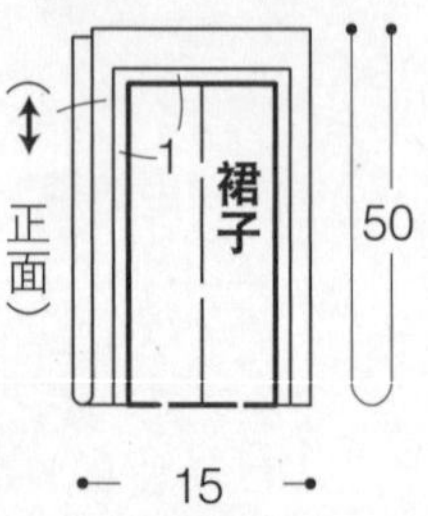

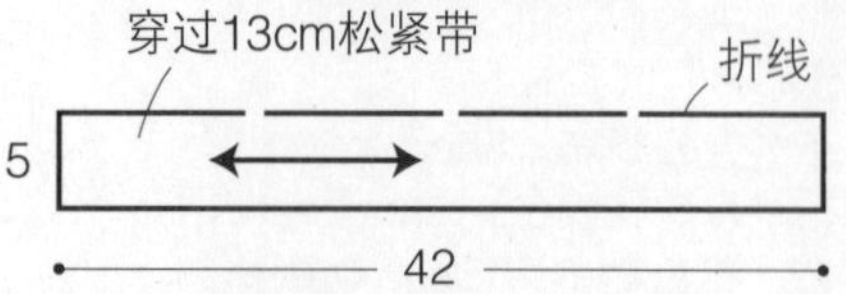

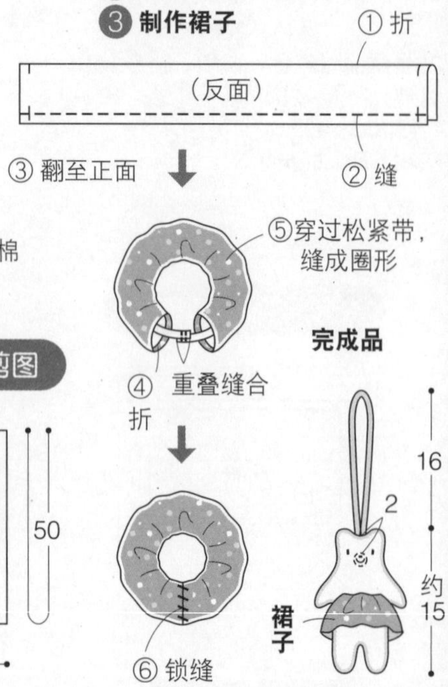

第46页 **68** 手提挎包

68 的材料
A布（麻布）65cm×110cm
B布（方格花棉布）50cm×105cm
黏合衬65cm×110cm
可洗毛毡（古铜色）3cm×3cm
25号绣线（古铜色）
麻装饰带（H869-935-003）
带2.5cm×10cm
拉链42cm 1根

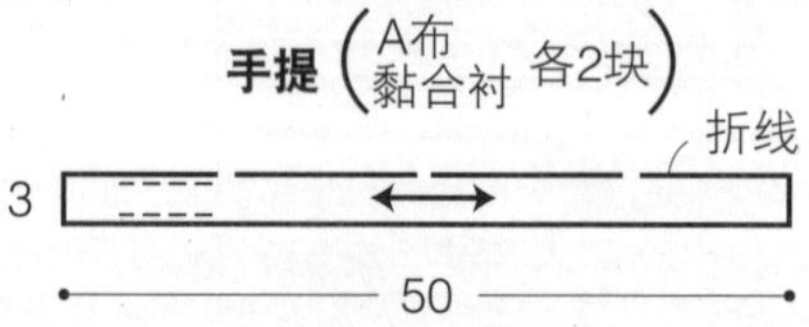

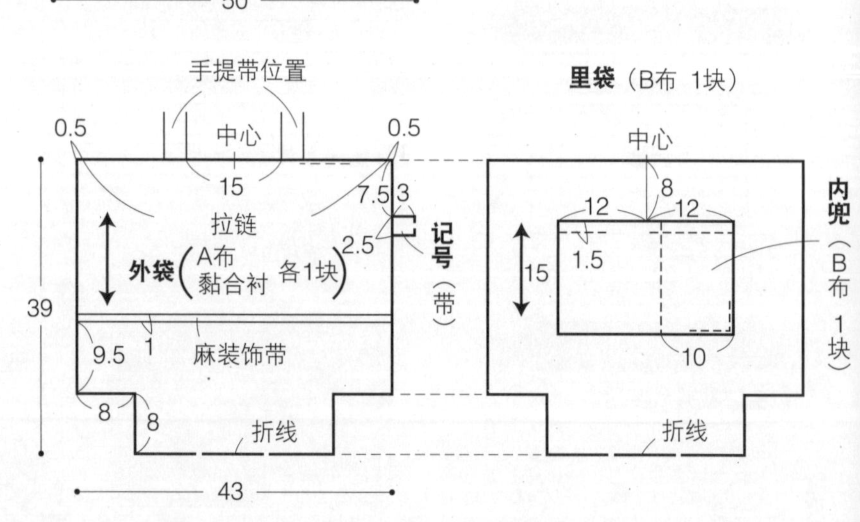

实大补花・刺绣图案

★ 刺绣使用指定的25号双股绣线。

毛毡（古铜色）
裁剪
回针绣（古铜色3股合编）

手提（A布 黏合衬 各2块）
3
折线
50

手提带位置
0.5
中心
0.5
15
7.5
3
拉链
2.5
记号（带）
外袋（A布 黏合衬 各1块）
39
1
9.5
麻装饰带
8
8
折线
43

里袋（B布 1块）

中心
8
12
12
1.5
15
内兜（B布 1块）
10
折线

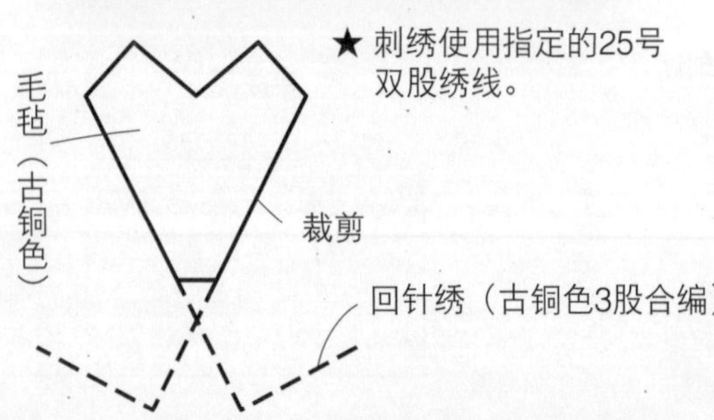

*制图、样纸上不包含缝份尺寸。加上裁剪图缝份尺寸进行裁布。

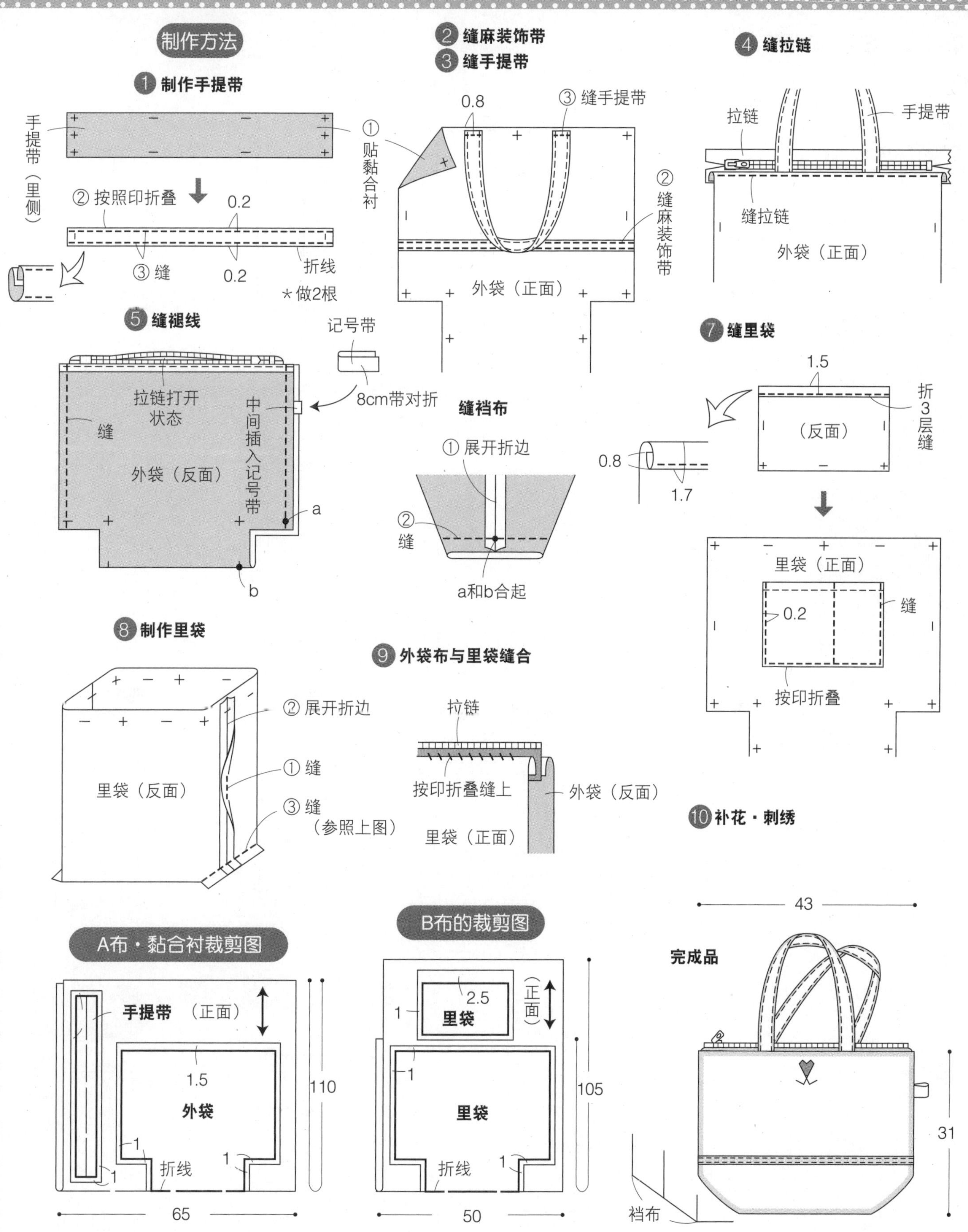

*图案的画法、补花方法、刺绣方法参照第50页。

第47页 69 奶瓶袋

69 的材料（牛）
A布（格子纹棉布）20cm×65cm
B布（水珠花棉布）20cm×70cm
带胶铺棉20cm×65cm
可洗毛毡（灰色）10cm×10cm
（黄色）10cm×7cm
25号绣线（古铜色，灰色）
带（H869-925）1cm×50cm
圆带0.4cm×15cm

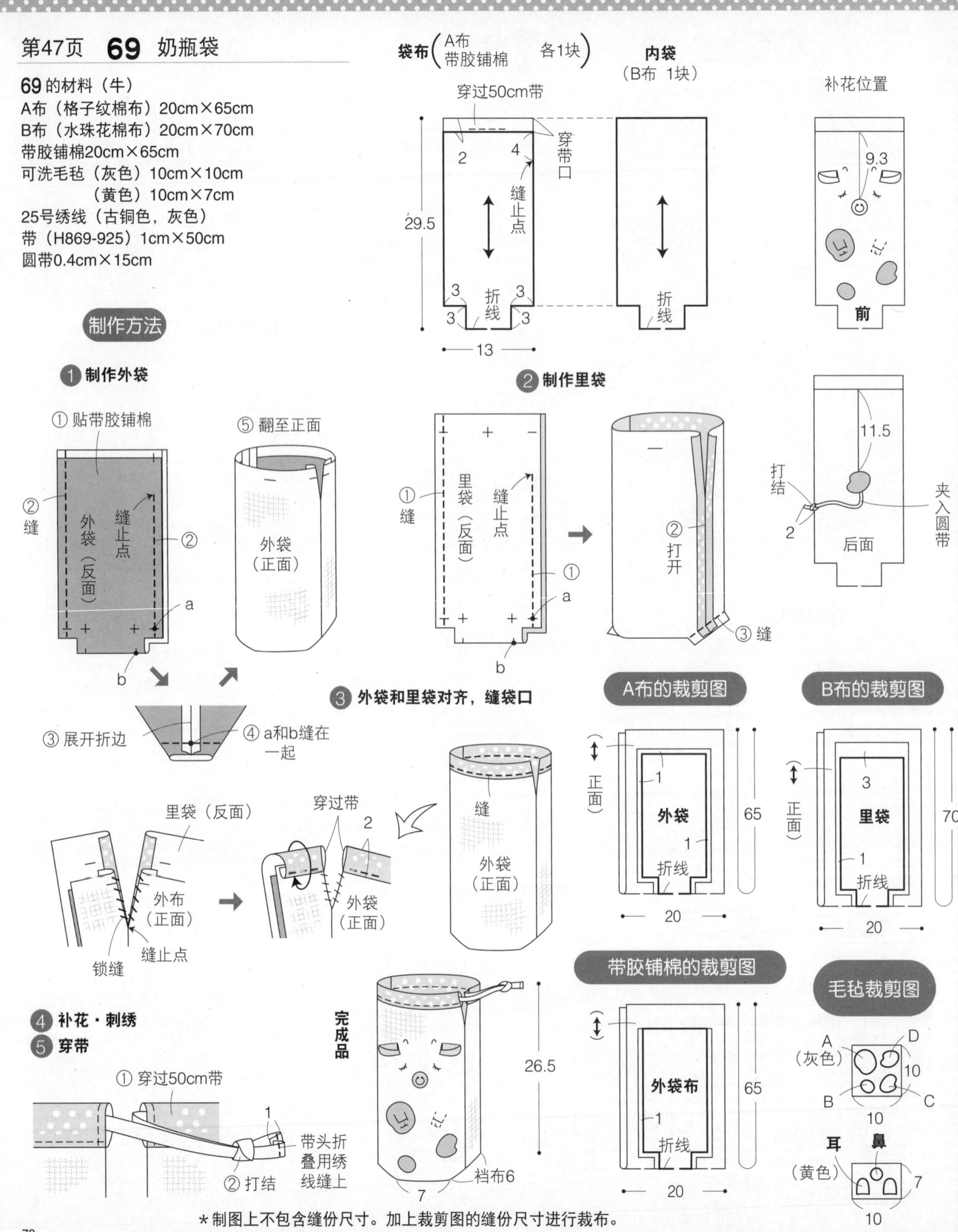

*制图上不包含缝份尺寸。加上裁剪图的缝份尺寸进行裁布。

= 毛毡（灰色）

= 毛毡（黄色）

实大补花・刺绣图案

★ 刺绣使用指定的25号双股绣线。

＊毛毡全部裁剪后使用。

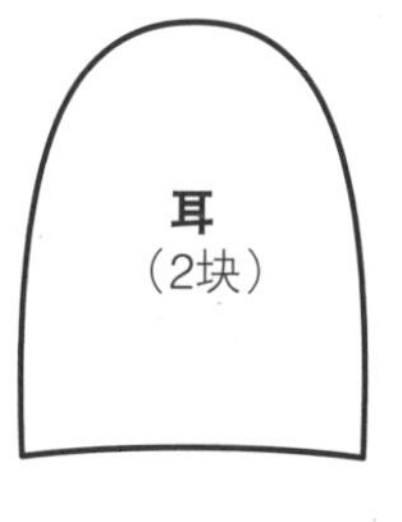

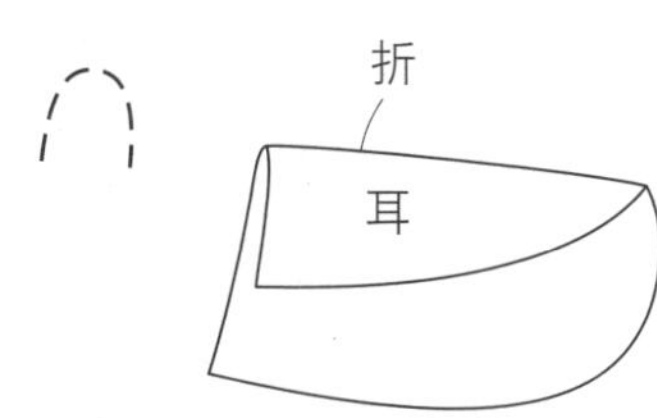

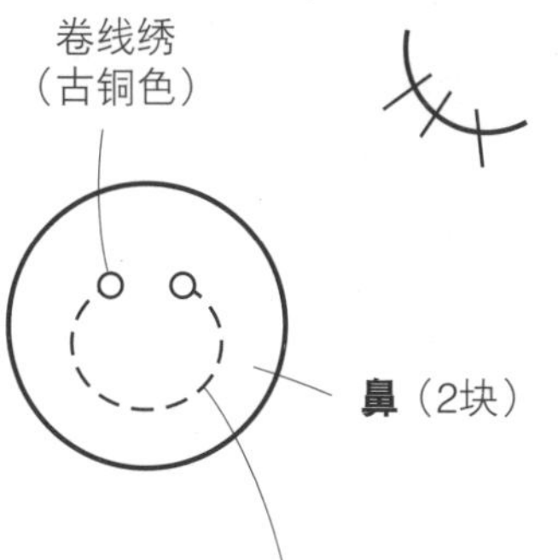

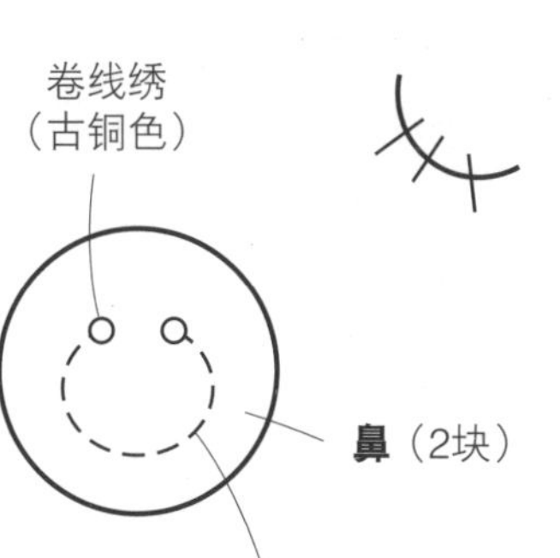

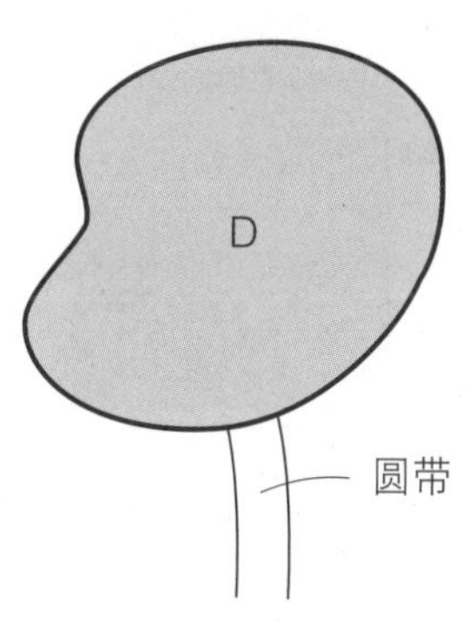

回针绣（古铜色 3股合编）

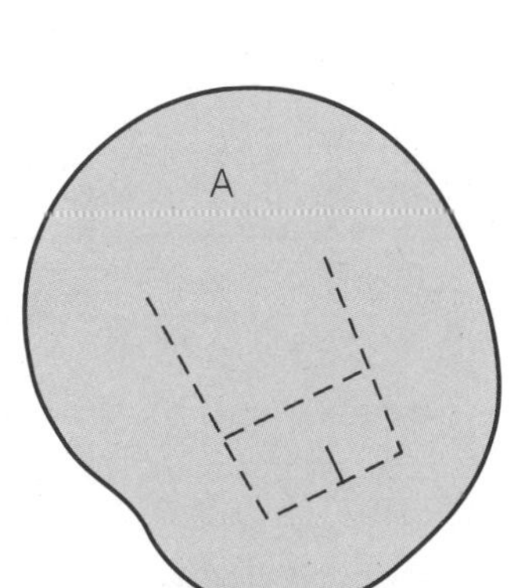

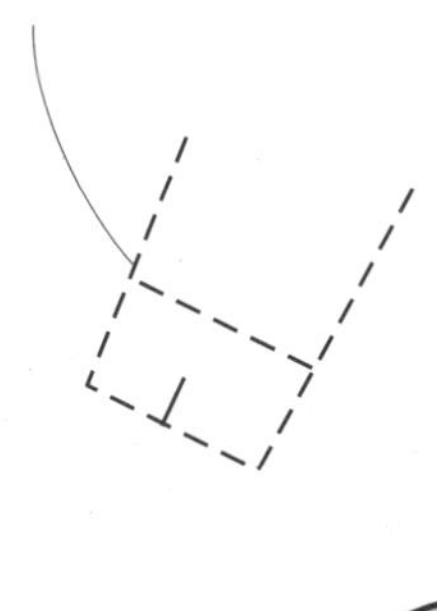

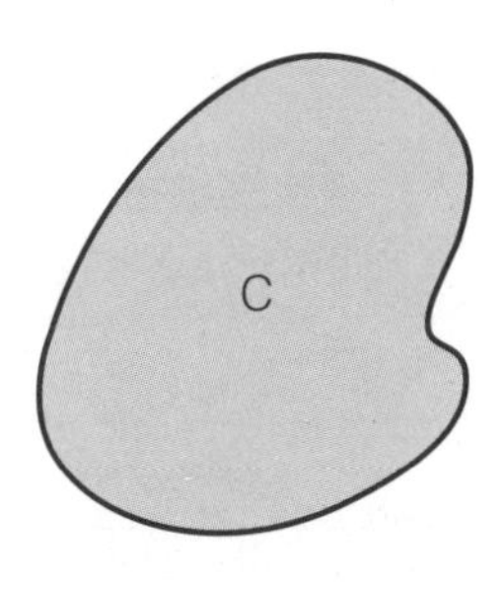

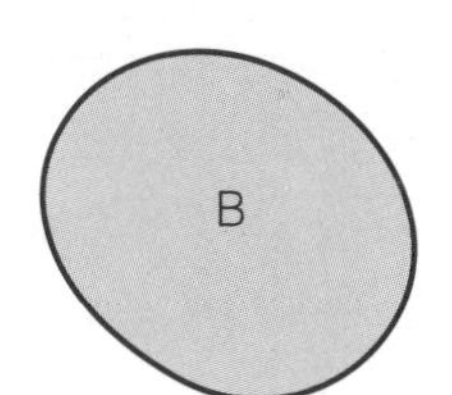

穿松紧带时使用方便的工具

不勒的松紧带是最好的选择。

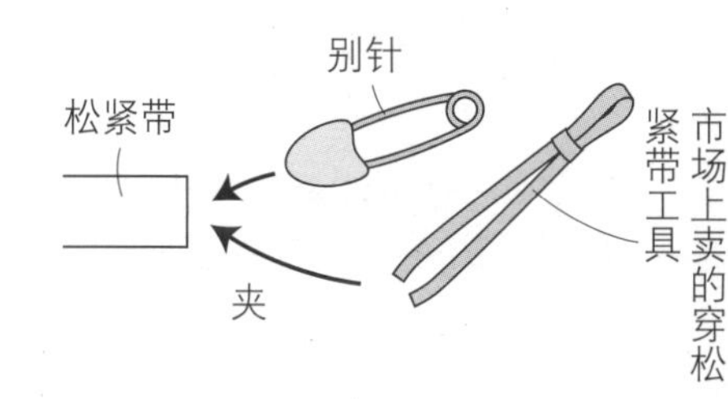

粘扣

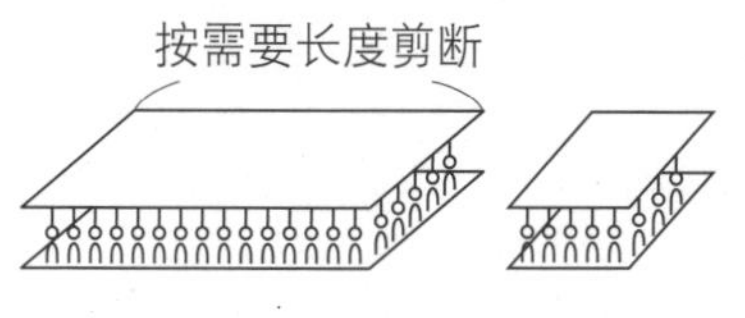

粘扣钩形（硬面）和环形（软面）重叠剪下

＊图案的画法、补花方法、刺绣方法参照第50页。

第47页 **70** 尿布袋

70的材料（山羊）
A布（山羊印花棉布）40cm×65cm
B布（水珠花棉布）40cm×90cm
带胶铺棉40cm×60cm
花边（H804-958-900）2cm×20cm
带（H869-925）1cm×180cm
纽扣直径1.5cm　1个
25号绣线（红色）

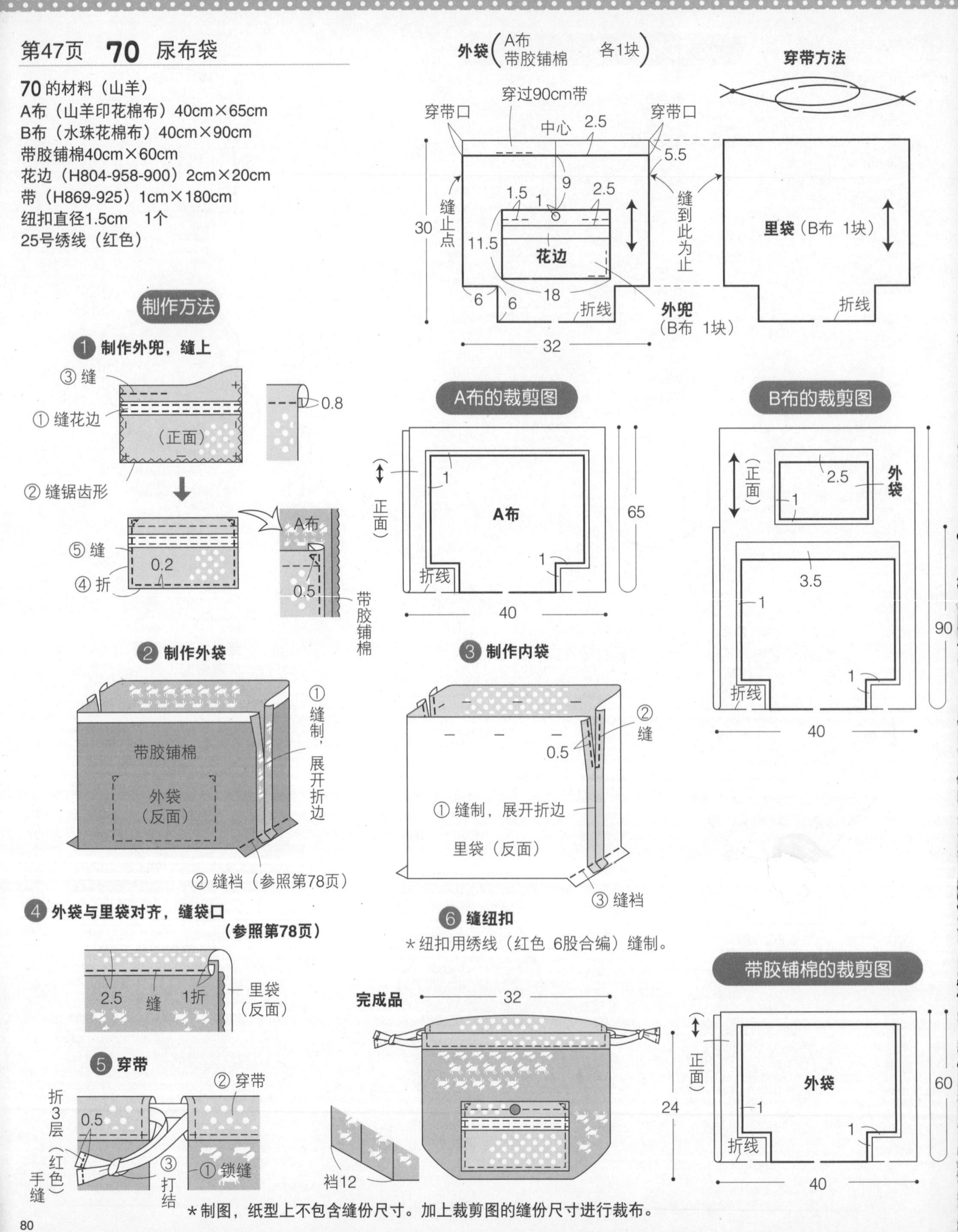

*制图，纸型上不包含缝份尺寸。加上裁剪图的缝份尺寸进行裁布。